전기기사·산업기사
전기기초

필기

시대에듀

전기기사 · 산업기사
전기기초

편·저·자·약·력

류승헌

- 現 베스트 전기기술학원 원장
- 現 경동솔라 기술고문
- 現 일렉소프트 기술고문
- H전기아카데미 부원장
- A전기공과학원 부원장
- 기아자동차 외부강사
- 삼천리 자격증과정 강의
- 대림대학·오산대학 자격증과정 강의
- 카보텍 기술고문
- 인텍트 기술고문
- 거성이엔지 건축사무소 감리
- 대성전기공사 감리

민병진

- 現 베스트 전기기술학원 원장
- D전기학원 강의
- C전기기술학원 부원장
- H전기기술학원 강의
- 삼천리 도시가스 위탁강의
- 오산대학교 산학협력강의
- 순천향대학교 산학협력강의
- 대림대학교 산학협력강의

끝까지 책임진다! 시대에듀!
QR코드를 통해 도서 출간 이후 발견된 오류나 개정법령, 변경된 시험 정보, 최신기출문제, 도서 업데이트 자료 등이 있는지 확인해 보세요! **시대에듀 합격 스마트 앱**을 통해서도 알려 드리고 있으니 구글 플레이나 앱 스토어에서 다운받아 사용하세요.
또한, 파본 도서인 경우에는 구입하신 곳에서 교환해 드립니다.

편집진행 윤진영·김경숙 | **표지디자인** 권은경·길전홍선 | **본문디자인** 정경일·이현진

머리말

본 교재는 전기기사·산업기사 자격증 취득을 준비하시는 분들을 위한 기초입문서로서 기초가 되는 이론들을 이해하기 쉽게 수록하였습니다.

특히 과목별로 이론 및 용어의 정의를 수록하여 빠른 학습이 가능하도록 하였습니다. 또한 기초전기이론 및 용어뿐만 아니라 전기기사·산업기사 문제 풀이에 필수로 사용되는 계산기(fx-570ES PLUS)의 사용법과 전기의 수학적인 접근에 필요한 기초수학을 함께 수록하여 전공자를 비롯한 비전공자 혹은 처음 공부하시는 분들도 보다 쉽게 전기기사·산업기사에 접근할 수 있도록 하였습니다.

전기기사·산업기사에서 주로 나오는 공식 중 수험생분들이 어려워하는 공식을 정리하여 수록하였으며, 공학계열에서 자주 쓰이는 단위나 기호에 관한 정리의 수록을 통해 문제를 풀어 가는 데 도움이 되도록 하였습니다.

끝으로 본 교재가 전기기사·산업기사 자격증 준비에 어려움을 느끼고 있는 수험생 여러분들에게 많은 도움이 되기를 기원합니다.
오·탈자가 발견될 경우 연락을 주시면 수정하여 보다 나은 도서가 되도록 노력하겠습니다.

편저자 씀

보다 깊이 있는 학습을 원하는 수험생들을 위한
시대에듀의 동영상 강의가 준비되어 있습니다.
www.sdedu.co.kr ➡ 회원가입(로그인) ➡ 강의 살펴보기

시험안내

개요
전기설비의 운전 및 조작, 유지·보수에 관한 전문 자격제도를 실시해 전기로 인한 재해를 방지해 안전성을 높이고자 자격제도를 제정하였다.

수행직무
전기기계기구의 설계, 제작, 관리 등과 전기설비를 구성하는 모든 기자재의 규격, 크기, 용량 등을 산정하기 위한 계산 및 자료의 활용과 전기설비의 설계, 도면 및 시방서 작성, 점검 및 유지, 시험작동, 운용관리 등에 전문적인 역할과 전기안전의 관리를 담당한다. 또한 공사현장에서 공사를 시공, 감독하거나 제조공정의 관리, 발전, 소전 및 변전시설의 유지관리, 기타 전기시설에 관한 보안관리업무를 수행한다.

진로 및 전망
한국전력공사를 비롯한 전기기기제조업체, 전기공사업체, 전기설계전문업체, 전기기기 설비업체, 전기안전관리 대행업체, 환경시설업체 등에 취업할 수 있다. 또한 전기부품·장비·장치의 디자인 및 제조, 실험과 관련된 연구를 담당하기 위해 생산업체의 연구실 및 개발실에 종사하기도 한다.

시험요강
- 시행처 : 한국산업인력공단(www.q-net.or.kr)
- 관련 학과 : 대학의 전기공학, 전기제어공학, 전기전자공학 등
- 시험과목
  - 필기 : 1. 전기자기학, 2. 전력공학, 3. 전기기기, 4. 회로이론 및 제어공학(산업기사 제외), 5. 전기설비기술기준
  - 실기 : 전기설비설계 및 관리
- 검정방법
  - 필기 : 객관식 4지 택일형, 과목당 20문항(과목당 30분)
  - 실기 : 필답형(기사 2시간 30분, 산업기사 2시간)
- 합격기준
  - 필기 : 100점을 만점으로 하여 과목당 40점 이상, 전 과목 평균 60점 이상
  - 실기 : 100점을 만점으로 하여 60점 이상

출제기준

필기과목명	주요항목	세부항목	
전기자기학	진공 중의 정전계	• 정전기 및 전자유도 • 전 계 • 전기력선 • 전 하	• 전 위 • 가우스의 정리 • 전기쌍극자
	진공 중의 도체계	• 도체계의 전하 및 전위분포 • 전위계수, 용량계수 및 유도계수 • 도체계의 정전에너지 • 정전용량 • 도체 간에 작용하는 정전력 • 정전차폐	
	유전체	• 분극도와 전계 • 전속밀도 • 유전체 내의 전계 • 경계조건	• 정전용량 • 전계의 에너지 • 유전체 사이의 힘 • 유전체의 특수현상
	전계의 특수 해법 및 전류	• 전기영상법 • 전류에 관련된 제현상	• 정전계의 2차원 문제 • 저항률 및 도전율
	자 계	• 자석 및 자기유도 • 자기쌍극자 • 분포전류에 의한 자계	• 자계 및 자위 • 자계와 전류 사이의 힘
	자성체와 자기회로	• 자화의 세기 • 자속밀도 및 자속 • 투자율과 자화율 • 경계면의 조건 • 감자력과 자기차폐	• 자계의 에너지 • 강자성체의 자화 • 자기회로 • 영구자석
	전자유도 및 인덕턴스	• 전자유도 현상 • 자기 및 상호유도작용 • 자계에너지와 전자유도 • 도체의 운동에 의한 기전력 • 전류에 작용하는 힘	• 전자유도에 의한 전계 • 도체 내의 전류 분포 • 전류에 의한 자계에너지 • 인덕턴스
	전자계	• 변위전류 • 전자파 및 평면파 • 전자계에서의 전압 • 방전현상	• 맥스웰의 방정식 • 경계조건 • 전자와 하전입자의 운동

시험안내

필기과목명	주요항목	세부항목	
전력공학	발·변전 일반	• 수력발전 • 화력발전 • 원자력발전	• 신재생에너지발전 • 변전방식 및 변전설비 • 소내전원설비 및 보호계전방식
	송·배전선로의 전기적 특성	• 선로정수 • 전력원선도 • 코로나 현상 • 단거리 송전선로의 특성	• 중거리 송전선로의 특성 • 장거리 송전선로의 특성 • 분포정전용량의 영향 • 가공전선로 및 지중전선로
	송·배전방식과 그 설비 및 운용	• 송전방식 • 배전방식 • 중성점접지방식	• 전력계통의 구성 및 운용 • 고장계산과 대책
	계통보호방식 및 설비	• 이상전압과 그 방호 • 전력계통의 운용과 보호	• 전력계통의 안정도 • 차단보호방식
	옥내배선	• 저압 옥내배선 • 고압 옥내배선	• 수전설비 • 동력설비
	배전반 및 제어기기의 종류와 특성	• 배전반의 종류와 배전반 운용 • 전력제어와 그 특성 • 보호계전기 및 보호계전방식	• 조상설비 • 전압조정 • 원격조작 및 원격제어
	개폐기류의 종류와 특성	• 개폐기 • 차단기	• 퓨즈 • 기타 개폐장치
전기기기	직류기	• 직류발전기의 구조 및 원리 • 전기자 권선법 • 정 류 • 직류발전기의 종류와 그 특성 및 운전 • 직류발전기의 병렬운전	• 직류전동기의 구조 및 원리 • 직류전동기의 종류와 특성 • 직류전동기의 기동, 제동 및 속도제어 • 직류기의 손실, 효율, 온도 상승 및 정격 • 직류기의 시험
	동기기	• 동기발전기의 구조 및 원리 • 전기자 권선법 • 동기발전기의 특성 • 단락현상 • 여자장치와 전압조정	• 동기발전기의 병렬운전 • 동기전동기 특성 및 용도 • 동기조상기 • 동기기의 손실, 효율, 온도 상승 및 정격 • 특수 동기기
	전력변환기	• 정류용 반도체 소자 • 정류회로의 특성	• 제어정류기
	변압기	• 변압기의 구조 및 원리 • 변압기의 등가회로 • 전압강하 및 전압변동률 • 변압기의 3상 결선 • 상수의 변환 • 변압기의 병렬운전	• 변압기의 종류 및 그 특성 • 변압기의 손실, 효율, 온도 상승 및 정격 • 변압기의 시험 및 보수 • 계기용 변성기 • 특수 변압기
	유도전동기	• 유도전동기의 구조 및 원리 • 유도전동기의 등가회로 및 특성 • 유도전동기의 기동 및 제동 • 유도전동기 제어 • 특수 농형 유도전동기	• 특수 유도기 • 단상 유도전동기 • 유도전동기의 시험 • 원선도

필기과목명	주요항목	세부항목	
전기기기	교류 정류자기	• 교류 정류자기의 종류, 구조 및 원리 • 단상 직권 정류자 전동기 • 단상 반발 전동기 • 단상 분권 전동기	• 3상 직권 정류자 전동기 • 3상 분권 정류자 전동기 • 정류자형 주파수 변환기
	제어용 기기 및 보호기기	• 제어기기의 종류 • 제어기기의 구조 및 원리 • 제어기기의 특성 및 시험 • 보호기기의 종류	• 보호기기의 구조 및 원리 • 보호기기의 특성 및 시험 • 제어장치 및 보호장치
회로이론 및 제어공학	회로이론	• 전기회로의 기초 • 직류회로 • 교류회로 • 비정현파 교류 • 다상 교류 • 대칭좌표법	• 4단자 및 2단자 • 분포정수회로 • 라플라스변환 • 회로의 전달함수 • 과도현상
	제어공학 (산업기사 제외)	• 자동제어계의 요소 및 구성 • 블록선도와 신호흐름선도 • 상태공간해석 • 정상오차와 주파수응답	• 안정도판별법 • 근궤적과 자동제어의 보상 • 샘플값제어 • 시퀀스제어
전기설비 기술기준	– 전기설비기술기준 및 한국전기설비규정		
	총 칙	• 기술기준 총칙 및 KEC 총칙에 관한 사항 • 일반사항 • 전 선	• 전로의 절연 • 접지시스템 • 피뢰시스템
	저압 전기설비	• 통 칙 • 안전을 위한 보호 • 전선로	• 배선 및 조명설비 • 특수설비
	고압, 특고압 전기설비	• 통 칙 • 안전을 위한 보호 • 접지설비 • 전선로	• 기계, 기구 시설 및 옥내배선 • 발전소, 변전소, 개폐소 등의 전기설비 • 전력보안통신설비
	전기철도설비	• 통 칙 • 전기철도의 전기방식 • 전기철도의 변전방식 • 전기철도의 전차선로	• 전기철도의 전기철도차량 설비 • 전기철도의 설비를 위한 보호 • 전기철도의 안전을 위한 보호
	분산형 전원설비	• 통 칙 • 전기저장장치 • 태양광발전설비	• 풍력발전설비 • 연료전지설비

이 책의 목차

PART 01 | 기초이론

CHAPTER 01 계산기 사용법(fx-570ES PLUS) · 003
CHAPTER 02 기초수학 · 018
CHAPTER 03 전기자기학 · 030
CHAPTER 04 전력공학 · 041
CHAPTER 05 전기기기 · 070
CHAPTER 06 회로이론 및 제어공학 · 084
CHAPTER 07 전기설비기술기준 · 131

PART 02 | 필수암기공식

CHAPTER 01 전기자기학 · 161
CHAPTER 02 기 타 · 177

PART 01

기초이론

CHAPTER 01 계산기사용법

CHAPTER 02 기초수학

CHAPTER 03 전기자기학

CHAPTER 04 전력공학

CHAPTER 05 전기기기

CHAPTER 06 회로이론 및 제어공학

CHAPTER 07 전기설비기술기준

합격의 공식 *시대에듀* www.sdedu.co.kr

CHAPTER 01 계산기 사용법 (fx-570ES PLUS)

※ 모드 설정 방법 : `ON` 을 누르고 `MODE` 를 누른 후 `2` 번을 누른다. 이후 `SHIFT` 를 누르고 `MODE` 를 누른 뒤 `1` 번을 누르고 한 번 더 `1` 번을 누른다.

(1) 덧 셈

`+` 기호를 누른다.

(2) 뺄셈

`-` 기호를 누른다.

① 곱·나눗셈이 우선한다.

예 1 2+3×4=14

`2` → `+` → `3` → `×` → `4` → `=`

예 2 20−8÷2=16

`2` `0` → `-` → `8` → `÷` → `2` → `=`

예 3 44−8×4+3÷3+8=21

`4` `4` → `-` → `8` → `×` → `4` → `+` → `3` → `÷` → `3` → `+` → `8` → `=`

필기 NOTE !

② ( ) 안에부터 계산한다.

예1 (8+2)×2=20
(→ 8 → + → 2 →) → × → 2 → =

예2 (42-2)÷4=10
(→ 4 → 2 → - → 2 →) → ÷ → 4 → =

예3 (8-2)×(6-3)÷2=9
(→ 8 → - → 2 →) → × → (→ 6 → - → 3 →) → ÷ → 2 → =

③ 덧셈과 뺄셈이 만나면 뺄셈이 된다.

예1 4+(-2)=2
4 → + → (→ - → 2 →) → =

예2 2-8+3=-3
2 → - → 8 → + → 3 → =

④ 뺄셈과 뺄셈이 만나면 덧셈이 된다.

예1 12-(-3)=15
1 → 2 → - → (→ - → 3 →) → =

예2 2-9-(-2)=-5
2 → - → 9 → - → (→ - → 2 →) → =

필기 NOTE !

(3) 지수 a^2

$\boxed{x^2}$ 를 누른다.

(4) 지수 a^4

$\boxed{x^\blacksquare}$ 를 누른 후 $\boxed{4}$ 를 입력

① 지수계산

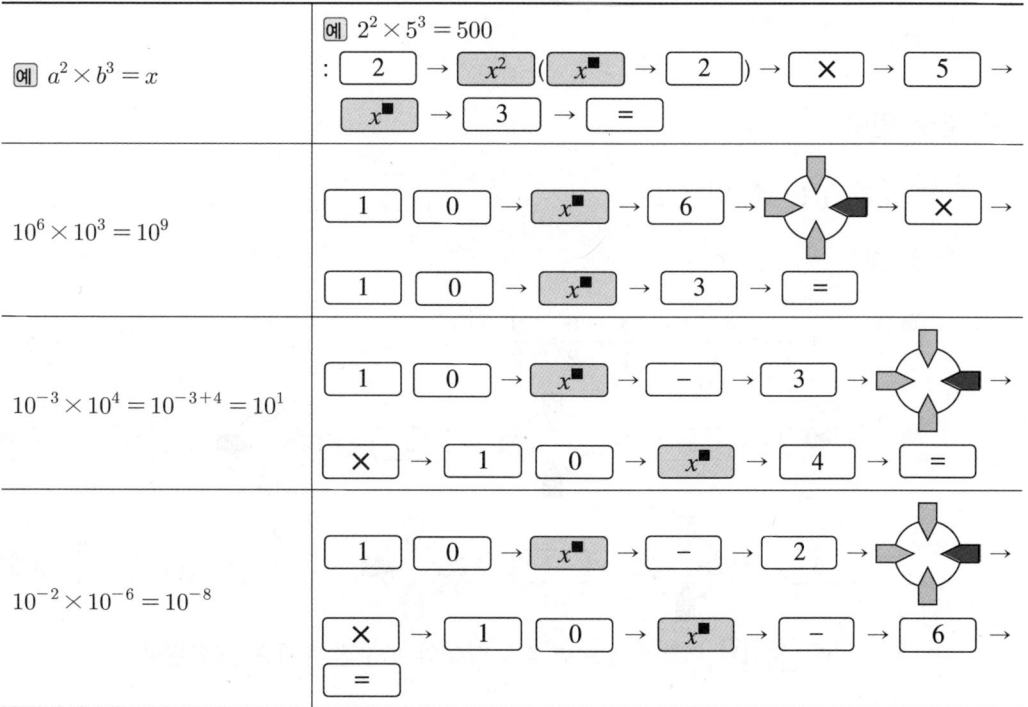

필기 NOTE !

예 어떤 콘덴서를 300[V]로 충전하는 데 9[J]의 에너지가 필요하였다. 이 콘덴서의 정전용량은 몇 $[\mu F]$인가?

$$W = \frac{1}{2}CV^2$$

$$C = \frac{2W}{V^2} = \frac{2 \times 9}{300^2} = 200[\mu F]$$

[▭] → [2] → [×] → [9] → [◆] → [3] [0] [0] → [x^2] ([$x^■$] → [2]) → [=]

(5) 분수 입력

[▭] 를 누른 후 입력한다.

① 통 분

예1 $\frac{b}{a} + \frac{c}{a} = \frac{b+c}{a}$ / $\frac{3}{2} + \frac{6}{2} = \frac{9}{2}$

[▭] → [3] → [◆] → [2] → [◆] → [+] → [▭] →

[6] → [◆] → [2] → [◆] → [=] 의 결괏값이 $\frac{9}{2}$ 형태로 나오며

이때 [S⇔D] 버튼을 누르면 4.5 형태의 소수점 형태로 변환된다.

필기 NOTE !

[예 2] $\dfrac{b}{a}+\dfrac{d}{c}=\dfrac{cb+ad}{ac}$ / $\dfrac{1}{2}+\dfrac{2}{3}=\dfrac{7}{6}$

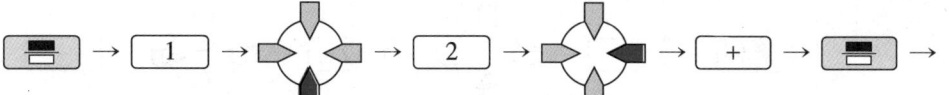

[예 3] $\dfrac{d}{ab}+\dfrac{e}{c}=\dfrac{cd+abe}{abc}$ / $\dfrac{2}{1\times 2}+\dfrac{7}{3}=\dfrac{10}{3}$

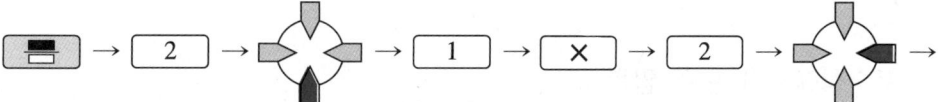

[예 4] $\dfrac{c}{ab}+\dfrac{d}{b}=\dfrac{c+ad}{ab}$ / $\dfrac{1}{2}+\dfrac{3}{4}=\dfrac{5}{4}$

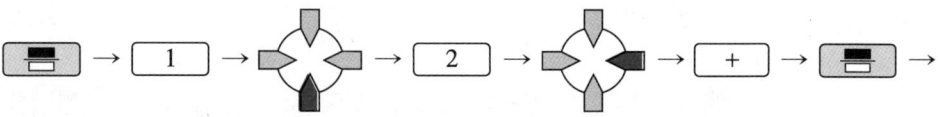

필기 NOTE !

예5 $\dfrac{1}{a}+\dfrac{1}{b}+\dfrac{1}{c}=\dfrac{ab+bc+ac}{abc}$ / $\dfrac{1}{2}+\dfrac{1}{3}+\dfrac{1}{4}=\dfrac{26}{24}=\dfrac{13}{12}$

[■] → [1] → [▼] → [2] → [▶] → [+] → [■] →

[1] → [▼] → [3] → [▶] → [+] → [■] → [1] →

[▼] → [4] → [=]

(6) 분수식에서의 분수 입력

예1 $\dfrac{\frac{2}{3}}{4}$

→ [■]를 누른 후 커서를 위쪽 분자쪽으로 이동 후 다시 [■]를 누르고 입력

예2 $\dfrac{2}{\frac{3}{4}}$

→ [■]를 누른 후 커서를 아래 분모쪽으로 이동 후 다시 [■]를 누르고 입력

필기 NOTE /

(7) sin

sin 을 누른 후 입력

(8) cos

cos 을 누른 후 입력

예1 3상 4극의 24개의 슬롯을 갖는 권선의 분포계수는?

$$q = \frac{24}{3 \times 4} = 2, \quad K_d = \frac{\sin\dfrac{\pi}{2m}}{q\sin\dfrac{\pi}{2mq}} = \frac{\sin\dfrac{\pi}{2 \times 3}}{2\sin\dfrac{\pi}{2 \times 3 \times 2}} = \frac{\sqrt{6}+\sqrt{2}}{4} \text{에서}$$

S⇔D 를 누르면 소수점으로 변환된다(0.9659).

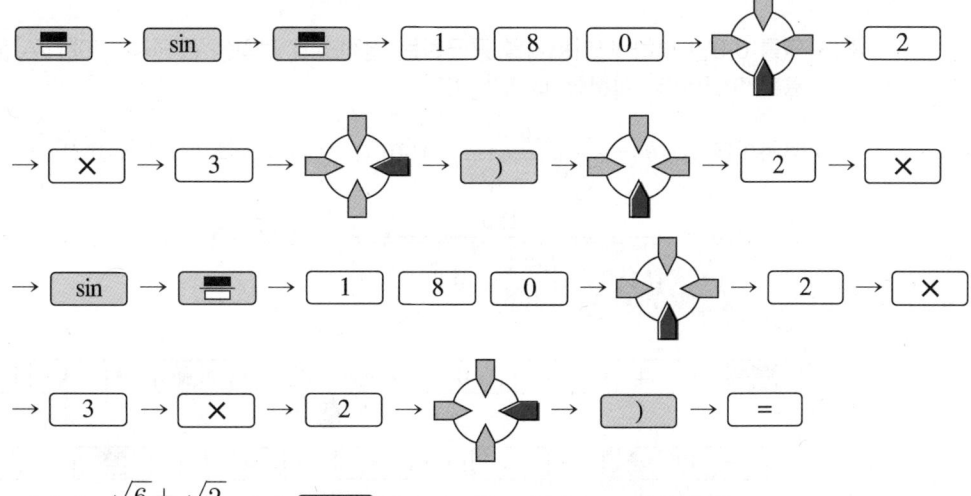

결괏값 $\dfrac{\sqrt{6}+\sqrt{2}}{4}$ 에서 S⇔D 를 누르면 소수점으로 변환된다.

필기 NOTE !

[예2] 동기리액턴스 $x_s = 10$, 전기자 권선 저항 $r_a = 0.1$, 유도기전력 $E = 6,400$, 단자전압 $V = 4,000$, 부하각 $\delta = 30°$이다. 3상 동기발전기의 출력은?(단, 1상값이다)

$$P = \frac{EV}{x_s}\sin\delta = \frac{6,400 \times 4,000}{10} \times \sin30 \times 10^{-3} = 1,280$$

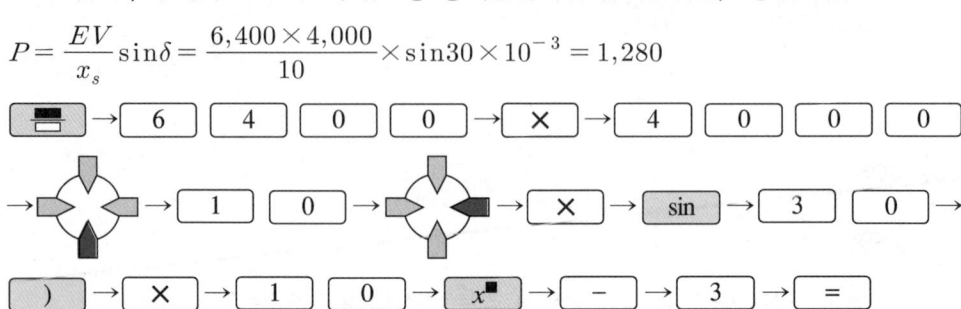

(9) $\sqrt{\ }$

√■ 를 누른 후 입력

[예1] 역률 0.8인 부하 480[kW]를 공급하는 변전소에 전력용 콘덴서 220[kVA]를 설치하면 역률은 몇 [%]로 개선할 수 있는가?

부하역률 $\cos\theta = \dfrac{W}{\sqrt{W^2 + Q^2}} \times 100$ (W : 유효전력, Q : 무효전력)

$\therefore \cos\theta = \dfrac{480}{\sqrt{480^2 + \left(\dfrac{480}{0.8} \times 0.6 - 220\right)^2}} \times 100 = 96\,[\%]$

필기 NOTE !

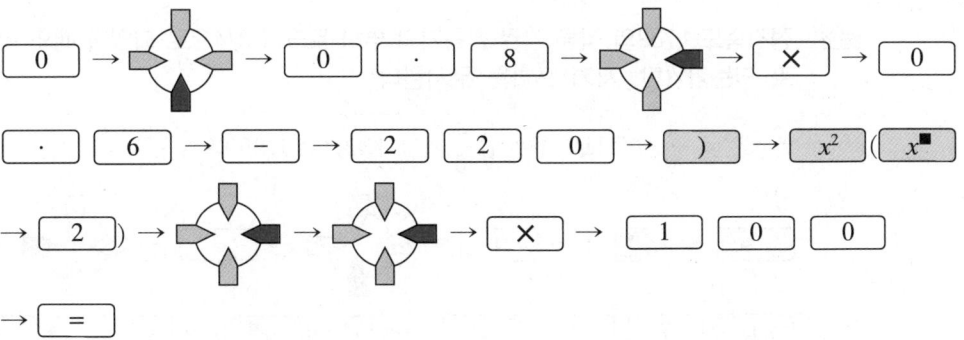

[예2] 정류 회로에서 부하 R에 흐르는 직류전류의 크기는 약 몇 [A]인가?
(단, $V = 100$, $R = 10\sqrt{2}$ 이다)

$$I_m = \frac{V_m}{R} = \frac{100\sqrt{2}}{10\sqrt{2}} = 10$$

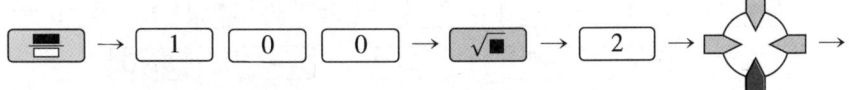

$$I_{av} = \frac{I_m}{\pi} = \frac{10}{\pi} = 3.18$$

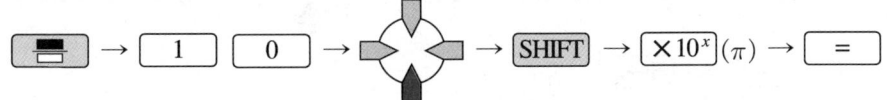

필기 NOTE !

[예3] 정격속도 1,732의 직류 직권 전동기의 부하 토크가 3/4으로 되었을 때의 속도는 대략 얼마로 되는가?(단, 자기 포화는 무시한다)

$\tau \propto I_a^2 \propto \dfrac{1}{N^2}$ 이므로 $N = \sqrt{\dfrac{4}{3} \times (1{,}732)^2} = 1{,}999.9$

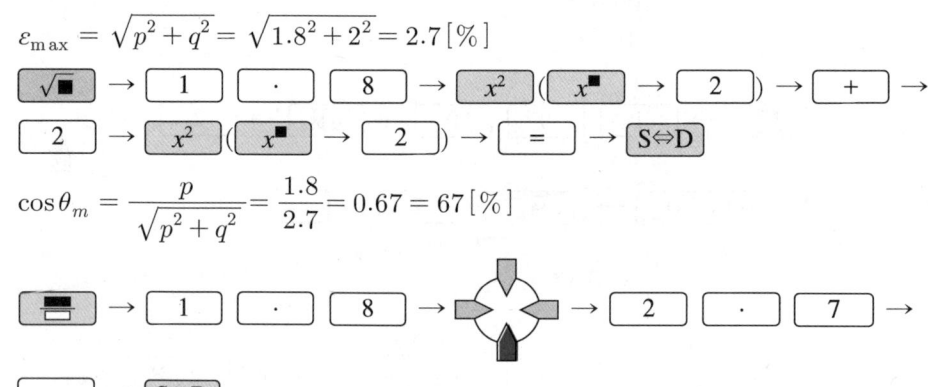

[예4] %저항강하 1.8, %리액턴스강하가 2.0인 변압기의 전압변동률의 최댓값과 이때의 역률은 각각 몇 [%]인가?

$\varepsilon_{\max} = \sqrt{p^2 + q^2} = \sqrt{1.8^2 + 2^2} = 2.7\,[\%]$

$\cos\theta_m = \dfrac{p}{\sqrt{p^2+q^2}} = \dfrac{1.8}{2.7} = 0.67 = 67\,[\%]$

필기 NOTE !

(10) $\sin^{-1}$

[SHIFT]를 누른 후 [sin]($\sin^{-1}$)을 누른 후 입력

(11) $\cos^{-1}$

[SHIFT]를 누른 후 [cos]($\cos^{-1}$)을 누른 후 입력

[예1] 60[Hz], 154[kV], 길이 200[km]인 3상 송전선로에서 $C_s = 0.008\,[\mu\text{F/km}]$, $C_m = 0.0018\,[\mu\text{F/km}]$일 때 1선에 흐르는 충전전류[A]는?

작용 정전용량은 $C_\omega = C_s + 3\,C_m = 0.0134\,[\mu\text{F/km}]$

1선 충전전류

$$I_c = \omega CEl = 2\pi f CEl = 2\pi \times 60 \times 0.0134 \times 10^{-6} \times 200 \times \frac{154{,}000}{\sqrt{3}} = 89.8\,[\text{A}]$$

[2] → [SHIFT] → [×10^x](π) → [×] → [6] [0] → [×] → [0] [.] [0] [1] [3] [4] → [×] → [1] [0] → [$x^\blacksquare$] → [(−)] → [6] → ▶ → [×] → [2] [0] [0] → [×] → [▬] → [1] [5] [4] [0] [0] [0] → ▼ → [$\sqrt{\blacksquare}$] → [3] → [=]

필기 NOTE !

(12) 복소수 입력

예1 $3 + j4$ → [3] [+] [4] 를 누른 후 [ENG](i)를 입력
→ $3 + 4i = 5\angle 53.13$([SHIFT] → [2](COMPLX) → [3]($r\angle\theta$) 입력 : 각도로 변환)

예2 $R = 25$, $X_L = 5$, $X_C = 10$을 병렬로 접속한 회로의 어드미턴스 Y는?

$$Y_0 = \frac{1}{R} + \frac{1}{jX_L} + \frac{1}{-jX_C} = \frac{1}{25} - j\frac{1}{5} + j\frac{1}{10} = 0.04 - j0.1$$

[▭] → [1] → [▼] → [2][5] → [▶] → [−] → [▭]

→ [1] → [▼] → [5] → [▶] → [ENG](i) → [+] → [▭]

→ [1] → [▼] → [1][0] → [▶] → [ENG](i) → [S⇔D]

필기 NOTE !

예 3 $v = 100\sqrt{2}\sin\left(\omega t + \dfrac{\pi}{3}\right)$를 복소수로 표시하면?

$$V = 100\angle\dfrac{\pi}{3} = 100(\cos 60° + j\sin 60°) = 50 + j50\sqrt{3}$$

$\boxed{1} \boxed{0} \boxed{0} \rightarrow \boxed{\text{SHIFT}} \rightarrow \boxed{(-)}(\angle) \rightarrow \boxed{} \rightarrow \boxed{1} \boxed{8}$

$\boxed{0} \rightarrow \text{(방향키)} \rightarrow \boxed{3} \rightarrow \boxed{=}$

$50 + 50\sqrt{3}\,i \rightarrow \boxed{\text{S}\Leftrightarrow\text{D}}$ 입력하면 소수점 형태로 변환

예 4 1[μF]의 정전용량을 가진 구의 반지름[km]은?

$$C = 4\pi\varepsilon_0 a = \dfrac{1}{9\times 10^9} \times a$$

$$\therefore\ a = 9\times 10^9 C = 9\times 10^9 \times 1\times 10^{-6} = 9\times 10^3\,[\text{m}] = 9\,[\text{km}]$$

$\boxed{9} \rightarrow \boxed{\times} \rightarrow \boxed{1}\boxed{0} \rightarrow \boxed{x^\blacksquare} \rightarrow \boxed{9} \rightarrow \text{(방향키)} \rightarrow \boxed{\times}$

$\rightarrow \boxed{1} \rightarrow \boxed{\times} \rightarrow \boxed{1}\boxed{0} \rightarrow \boxed{x^\blacksquare} \rightarrow \boxed{-} \rightarrow \boxed{6} \rightarrow \boxed{=}$

예 5 공기 중의 전계 $E_1 = 10\,[\text{kV/cm}]$이 30°의 입사각으로 기름의 경계에 닿을 때, 굴절각 θ_2와 기름 중의 전계 $E_2\,[\text{V/m}]$는?(단, 기름의 비유전율은 3이라 한다)

$$\dfrac{\tan\theta_1}{\tan\theta_2} = \dfrac{\varepsilon_1}{\varepsilon_2} = \dfrac{1}{3},\ 3\tan\theta_1 = \tan\theta_2$$

$$\therefore\ \theta_2 = \tan^{-1}(3\tan 30°) = \tan^{-1}\left(\dfrac{3}{\sqrt{3}}\right) = 60°$$

- $\boxed{\text{SHIFT}} \rightarrow \boxed{\tan}(\tan^{-1}) \rightarrow \boxed{(} \rightarrow \boxed{3} \rightarrow \boxed{\tan} \rightarrow \boxed{3}\boxed{0}$
$\rightarrow \boxed{)} \rightarrow \boxed{=}$

필기 NOTE !

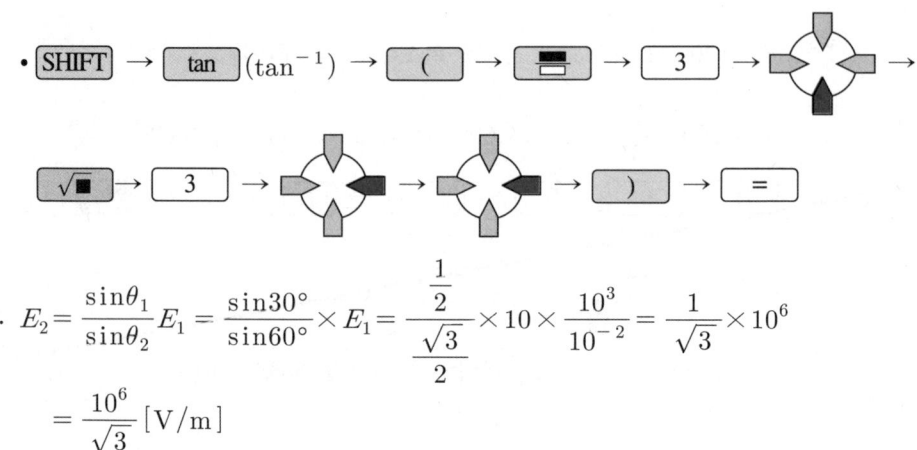

$$\therefore E_2 = \frac{\sin\theta_1}{\sin\theta_2}E_1 = \frac{\sin 30°}{\sin 60°} \times E_1 = \frac{\frac{1}{2}}{\frac{\sqrt{3}}{2}} \times 10 \times \frac{10^3}{10^{-2}} = \frac{1}{\sqrt{3}} \times 10^6$$

$$= \frac{10^6}{\sqrt{3}} \, [\text{V/m}]$$

예 6 어떤 회로에 $V = 100 + j20\,[\text{V}]$ 인 전압을 가할 때 $4 + j3\,[\text{A}]$ 인 전류가 흘렀다. 이 회로의 임피던스는?

$$Z = \frac{V}{I} = \frac{100 + j20}{4 + j3} = \frac{(100 + j20)(4 - j3)}{(4 + j3)(4 - j3)} = \frac{460 - j220}{4^2 + 3^2} = 18.4 - j8.8\,[\Omega]$$

- ▣ → 1 → 0 → 0 → + → 2 → 0 → ENG(i) → ▼ → 4 → + → 3 → ENG(i) → = → S⇔D

- ▣ → (→ 1 → 0 → 0 → + → 2 → 0 → ENG(i) →) → (→ 4 → - → 3 → ENG(i) →) → ▼ → (→ 4 → + → 3 → ENG(i) →) → (→ 4 → - → 3 → ENG(i) →) → = → S⇔D

필기 NOTE !

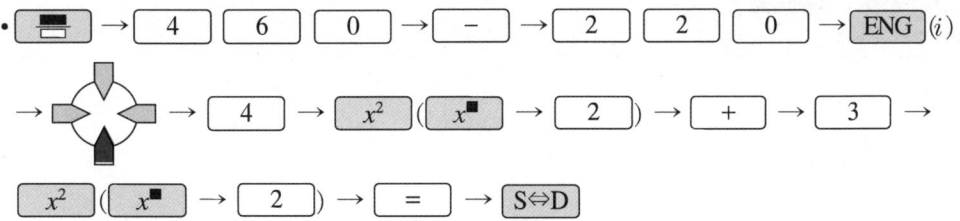

[예7] 진공 중에 놓인 1[μC]의 점전하에서 3[m]가 되는 점의 전계[V/m]는?

$$E = \frac{1}{4\pi\varepsilon_0} \cdot \frac{Q}{r^2} = 9 \times 10^9 \times \frac{1 \times 10^{-6}}{3^2} = 10^3 \, [\text{V/m}]$$

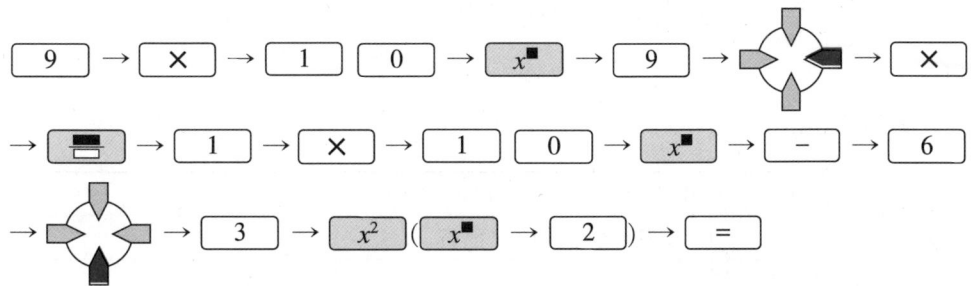

[예8] 유전체(유전율=9) 내의 전계의 세기가 100[V/m]일 때 유전체 내에 저장되는 에너지 밀도 [J/m³]는?

유전체 내에 저장되는 에너지 밀도

$$\omega = \frac{ED}{2} = \frac{1}{2}\varepsilon E^2 = \frac{1}{2}\frac{D^2}{\varepsilon} \, [\text{J/m}^3] \quad \text{식에서}$$

$$\therefore \omega = \frac{1}{2}\varepsilon E^2 = \frac{1}{2} \times 9 \times (100)^2 = 4.5 \times 10^4 \, [\text{J/m}^3]$$

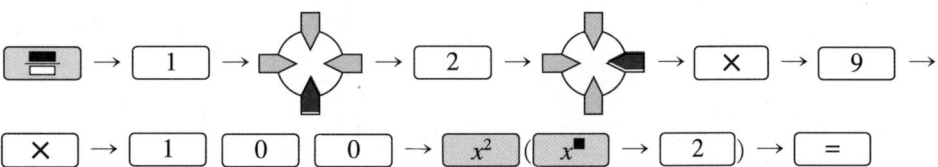

필기 NOTE !

CHAPTER 02 기초수학

(1) 사칙연산

- $4 + (-2) = 2$
- $(-8) + 3 = -5$
- $12 - (-3) = 15$
- $(-9) - (2) = -11$
- $2 + 3 \times 4 = 14$
- $20 - 8 \div 2 = 16$

$- \rightarrow +$	$A - B = C \rightarrow A = C + B$
$+ \rightarrow -$	$A + B = C \rightarrow A = C - B$
$\times \rightarrow \div$	$AB = C \rightarrow A = \dfrac{C}{B}$
$\div \rightarrow \times$	$\dfrac{A}{B} = C \rightarrow A = CB$

필기 NOTE !

(2) 분배법칙

- $(a+b)(c+d) = ac + ad + bc + bd$

  예) $(s+2)(s+3) = s^2 + 3s + 2s + 6 = s^2 + 5s + 6$

- $(a+b)(c-d) = ac - ad + bc - bd$

  예) $(s+2)(s-3) = s^2 - 3s + 2s - 6 = s^2 - s - 6$

- $(a-b)(c-d) = ac - ad - bc + bd$

  예) $(s-2)(s-3) = s^2 - 3s - 2s + 6 = s^2 - 5s + 6$

(3) 통 분

- $\dfrac{b}{a} + \dfrac{c}{a} = \dfrac{b+c}{a}$

  예1) $\dfrac{3}{2} + \dfrac{6}{2} = \dfrac{3+6}{2} = \dfrac{9}{2}$

  예2) $\dfrac{1}{s+3} + \dfrac{2}{s+3} = \dfrac{1+2}{s+3} = \dfrac{3}{s+3}$

- $\dfrac{b}{a} - \dfrac{c}{a} = \dfrac{b-c}{a}$

  예1) $\dfrac{3}{2} - \dfrac{6}{2} = \dfrac{3-6}{2} = -\dfrac{3}{2}$

  예2) $\dfrac{1}{s+3} - \dfrac{2}{s+3} = \dfrac{1-2}{s+3} = \dfrac{-1}{s+3}$

필기 NOTE !

- $\dfrac{b}{a} + \dfrac{d}{c} = \dfrac{bc + ad}{ac}$

  [예 1] $\dfrac{2}{3} + \dfrac{1}{2} = \dfrac{2 \times 2 + 1 \times 3}{2 \times 3} = \dfrac{7}{6}$

  [예 2] $\dfrac{3}{s} + \dfrac{1}{s+1} = \dfrac{3(s+1) + 1 \cdot s}{s(s+1)} = \dfrac{3s + 3 + s}{s(s+1)} = \dfrac{4s + 3}{s^2 + s}$

- $\dfrac{b}{a} - \dfrac{d}{c} = \dfrac{bc - ad}{ac}$

  [예 1] $\dfrac{2}{3} - \dfrac{1}{2} = \dfrac{2 \times 2 - 3 \times 1}{3 \times 2} = \dfrac{1}{6}$

  [예 2] $\dfrac{3}{s} - \dfrac{1}{s+1} = \dfrac{3(s+1) - s \cdot 1}{s(s+1)} = \dfrac{3s + 3 - s}{s^2 + s} = \dfrac{2s + 3}{s^2 + s}$

필기 NOTE !

(4) 지 수

- $\dfrac{상수}{\infty} = \dfrac{0}{상수} = 0$

- $\dfrac{상수}{0} = \infty$

  [예 1] $a^2 \times a^3 = a^{2+3} = a^5$

  [예 2] $10^6 \times 10^3 = 10^{6+3} = 10^9$

  [예 3] $10^{-3} \times 10^4 = 10^{-3+4} = 10^1$

  [예 4] $10^{-2} \times 10^{-6} = 10^{-2-6} = 10^{-8}$

  [예 5] $a^0 = 1\,(10^0 = 100^0 = 1{,}000^0 = 1)$

- $a^{\infty} = \infty$

- $\dfrac{1}{a^{\infty}} = 0$

  [예 1] $\dfrac{1}{10} = 0.1 = 10^{-1}$

  [예 2] $\dfrac{1}{0.1} = 10$

  [예 3] $\dfrac{1}{\frac{1}{10}} = 10$

  [예 4] $\dfrac{1}{\frac{R_1 + R_2}{R_1 R_2}} = \dfrac{R_1 R_2}{R_1 + R_2}$

필기 NOTE !

[예 5] $\dfrac{1}{10^2} = 10^{-2}$, $\dfrac{1}{10^{-2}} = 10^2$

[예 6] $\dfrac{a^3}{a^3} = a^{3-3} = a^0 = 1$

[예 7] $\dfrac{a^6}{a^3} = a^{6-3} = a^3$

[예 8] $\dfrac{a^3}{a^{-3}} = a^{3-(-3)} = a^6$

[예 9] $\dfrac{a^{-3}}{a^{-3}} = a^{-3+3} = a^0 = 1$

[예 10] $\dfrac{\frac{20}{2}}{\frac{10}{2}} = 2$

[예 11] $\dfrac{2 \times 20}{2 \times 10} = 2$

[예 12] $\dfrac{\frac{1}{s+3}}{\frac{s}{s+1}} = \dfrac{1 \cdot (s+1)}{s(s+3)} = \dfrac{s+1}{s^2+3s}$

- $\dfrac{\frac{c}{b}}{\frac{a}{1}} = \dfrac{c}{ab}$

필기 NOTE !

- $\dfrac{\dfrac{c}{1}}{\dfrac{b}{a}} = \dfrac{ac}{b}$

$$a(b+c) = d(e+f)$$
$$\downarrow \qquad \downarrow$$

- $a = \dfrac{d(e+f)}{b+c}$ 　　• $e+f = \dfrac{a(b+c)}{d}$

- $\dfrac{a}{b} = \dfrac{d}{c} \rightarrow ac = bd$

　　[예 1] $\dfrac{20}{2} = \dfrac{40}{4}$

　　[예 2] $20 \times 4 = 2 \times 40$
　　　　　　$80 = 80$

(5) $\sqrt{}$

　　[예 1] $\sqrt{4} = \sqrt{2^2} = 2$

　　[예 2] $\sqrt{9} = \sqrt{3^2} = 3$

　　[예 3] $\sqrt{100} = \sqrt{10^2} = 10$

　　[예 4] $\dfrac{\sqrt{27}}{\sqrt{3}} = \sqrt{\dfrac{27}{3}} = \sqrt{9} = \sqrt{3^2} = 3$

　　[예 5] $\sqrt{3} \times \sqrt{3} = \sqrt{3 \times 3} = \sqrt{3^2} = 3$

> ※ 참 고
> $\sqrt{2} = 1.414\cdots$
> $\sqrt{3} = 1.732\cdots$
> $\sqrt{5} = 2.236\cdots$

필기 NOTE!

- $ab^2 = \dfrac{e^2 fg}{cd} \;\rightarrow\; b^2 = \dfrac{e^2 fg}{acd} \;\rightarrow\; b = \sqrt{\dfrac{e^2 fg}{acd}}$

$S^2 + 6S + 9 = (S+3)^2$

$\begin{array}{ccc} S & & 3 \\ S & & 3 \\ \times & + & \times \end{array}$

$\begin{array}{ccc} (a) & (b) & (c) \\ \downarrow & \downarrow & \downarrow \\ 1s^2 + & 2s + & 5 \end{array}$

근의 공식 $\dfrac{-b \pm \sqrt{b^2 - 4ac}}{2a} = \dfrac{-2 \pm \sqrt{2^2 - 4 \times 1 \times 5}}{2 \times 1} = \dfrac{-2 \pm \sqrt{-16}}{2} = -1 \pm j2$

필기 NOTE !

(6) 복소수

벡터(크기+방향) $3+j4 = \sqrt{3^2+4^2} = 5$ 스칼라(크기)

$$-3-j4 = \sqrt{(-3)^2+(-4)^2} = 5$$

피 유 무
$Z = R + jX$
$P_a = P + jP_r$

무	유	
유	무	피
3	4	5
6	8	10
9	12	15
12	16	20

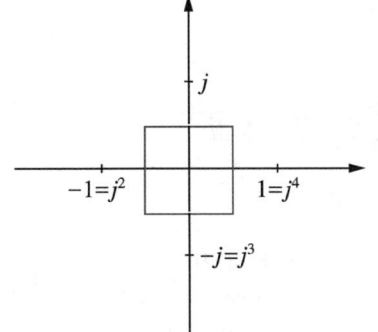

$j = 90°$

$j^2 = -1$

$\dfrac{1}{j3} = \dfrac{j \times 1}{j \times j3} = -j\dfrac{1}{3}$

필기 NOTE !

(7) 삼각함수

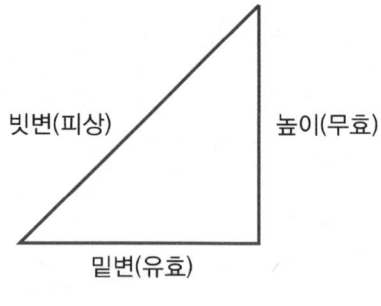

- $\sin\theta = \dfrac{높이}{빗변} = \dfrac{무효}{피상}$, 무효율

- $\cos\theta = \dfrac{밑변}{빗변} = \dfrac{유효}{피상}$, 유효율(역률)

- $\tan\theta = \dfrac{높이}{밑변} = \dfrac{무효}{유효}$

$\dfrac{1}{\tan}\tan\theta = \dfrac{1}{\tan}\dfrac{무효}{유효}$

$\dfrac{1}{10} = 10^{-1} = 0.1$

$\theta = \dfrac{1}{\tan}\dfrac{무효}{유효} = \tan^{-1}\dfrac{무효}{유효}$

- $\sin\theta = \sqrt{1-\cos^2\theta}$
- $\cos\theta = \sqrt{1-\sin^2\theta}$

※ 암 기
$\cos\theta = 0.8 \ \to \ \sin\theta = 0.6$
$\sin\theta = 0.8 \ \to \ \cos\theta = 0.6$

예 $\cos\theta = 0.8 \quad \sin\theta = ?$

$\sin\theta = \sqrt{1-\cos^2\theta} = \sqrt{1-0.8^2} = \sqrt{1-0.64} = \sqrt{0.36} = \sqrt{0.6^2} = 0.6$

필기 NOTE !

$$\sin(\omega t + \theta) = \sin\omega t \cos\theta + \cos\omega t \sin\theta$$

신코+코신

$$\cos(\omega t - \theta) = \cos\omega t \cos\theta + \sin\omega t \sin\theta$$

코코+신신

> ※ 참고
> $\dfrac{d}{dt}\sin\omega t \rightarrow \omega\cos\omega t$
> $\dfrac{d}{dt}\cos\omega t \rightarrow -\omega\sin\omega t$

(8) 행 렬

$$\begin{bmatrix} A & B \\ C & D \end{bmatrix} = \begin{bmatrix} a & b \\ c & d \end{bmatrix} \begin{bmatrix} e & f \\ g & h \end{bmatrix}$$

$A = ae + bg$

$B = af + bh$

$C = ce + dg$

$D = cf + dh$

예
$$\begin{bmatrix} A & B \\ C & D \end{bmatrix} = \begin{bmatrix} 1 & Z \\ 0 & 1 \end{bmatrix} \begin{bmatrix} 1 & 0 \\ Y & 1 \end{bmatrix} = \begin{bmatrix} 1+ZY & Z \\ Y & 1 \end{bmatrix}$$

$$\begin{bmatrix} A & B \\ C & D \end{bmatrix} = \begin{bmatrix} 1 & 0 \\ \dfrac{1}{Z_2} & 1 \end{bmatrix} \begin{bmatrix} 1 & Z_1 \\ 0 & 1 \end{bmatrix} \begin{bmatrix} 1 & 0 \\ \dfrac{1}{Z_3} & 1 \end{bmatrix} = \begin{bmatrix} 1 & Z_1 \\ \dfrac{1}{Z_2} & 1+\dfrac{Z_1}{Z_2} \end{bmatrix} \begin{bmatrix} 1 & 0 \\ \dfrac{1}{Z_3} & 1 \end{bmatrix}$$

$$= \begin{bmatrix} 1+\dfrac{Z_1}{Z_3} & Z_1 \\ \dfrac{1}{Z_2}+\dfrac{1}{Z_3}+\dfrac{Z_1}{Z_2 Z_3} & 1+\dfrac{Z_1}{Z_2} \end{bmatrix}$$

필기 NOTE !

역행렬 $\begin{bmatrix} A & B \\ C & D \end{bmatrix}^{-1} = \dfrac{1}{AD-BC} \begin{bmatrix} D & -B \\ -C & A \end{bmatrix}$

예) $\begin{bmatrix} S & 0 \\ 0 & S \end{bmatrix} - \begin{bmatrix} 0 & 0 \\ -1 & -2 \end{bmatrix}$ 의 역행렬?

$\begin{bmatrix} S & 0 \\ 0 & S \end{bmatrix} - \begin{bmatrix} 0 & 0 \\ -1 & -2 \end{bmatrix} = \begin{bmatrix} S & 0 \\ 1 & S+2 \end{bmatrix}$

$\begin{bmatrix} S & 0 \\ 1 & S+2 \end{bmatrix}^{-1} = \dfrac{1}{S(S+2)} \begin{bmatrix} S+2 & 0 \\ -1 & S \end{bmatrix} = \begin{bmatrix} \dfrac{1}{S} & 0 \\ \dfrac{-1}{S(S+2)} & \dfrac{1}{S+2} \end{bmatrix}$

(9) 부분분수

$\dfrac{BS+C}{S(S+A)} = \dfrac{K_1}{S} + \dfrac{K_2}{S+A}$

$K_1 = \lim\limits_{S \to 0} \dfrac{BS+C}{S+A}$

$K_2 = \lim\limits_{S \to -A} \dfrac{BS+C}{S}$

필기 NOTE !

예 1 $\dfrac{5S+3}{S(S+1)} = \dfrac{K_1}{S} + \dfrac{K_2}{S+1} = \dfrac{3}{S} + \dfrac{2}{S+1}$

$K_1 = \lim\limits_{S \to 0} \dfrac{5S+3}{S+1} = 3$

$K_2 = \lim\limits_{S \to -1} \dfrac{5S+3}{S} = \dfrac{-2}{-1} = 2$

$\dfrac{3}{S} + \dfrac{2}{S+1} = \dfrac{3(S+1)+2 \cdot S}{S(S+1)} = \dfrac{3S+3+2S}{S(S+1)} = \dfrac{5S+3}{S(S+1)}$

예 2 $\dfrac{2}{S(S+3)} = \dfrac{K_1}{S} + \dfrac{K_2}{S+3} = \dfrac{\frac{2}{3}}{S} - \dfrac{\frac{2}{3}}{S+3}$

$K_1 = \lim\limits_{S \to 0} \dfrac{2}{S+3} = \dfrac{2}{3}$

$K_2 = \lim\limits_{S \to -3} \dfrac{2}{S} = -\dfrac{2}{3}$

$\dfrac{\frac{2}{3}}{S} - \dfrac{\frac{2}{3}}{S+3} = \dfrac{2}{3S} - \dfrac{2}{3S+9}$

$\phantom{\dfrac{\frac{2}{3}}{S} - \dfrac{\frac{2}{3}}{S+3}} = \dfrac{2(3S+9) - 2(3S)}{3S(3S+9)} = \dfrac{6S+18-6S}{3S(3S+9)}$

$\phantom{\dfrac{\frac{2}{3}}{S} - \dfrac{\frac{2}{3}}{S+3}} = \dfrac{18}{3S(3S+9)} = \dfrac{6}{S(3S+9)}$

$\phantom{\dfrac{\frac{2}{3}}{S} - \dfrac{\frac{2}{3}}{S+3}} = \dfrac{6}{3S(S+3)} = \dfrac{2}{S(S+3)}$

필기 NOTE !

CHAPTER 03 전기자기학

(1) 전하와 전기력

① 대전 : 물질이 전자가 부족하거나 남게 된 상태에서 양전기나 음전기를 띠는 현상, 즉 물체가 전기를 띠는 현상

② 전하 : 대전에 의해서 물체가 띠고 있는 전기

③ 정전기 : 대전체에 있는 연속적으로 흐르지 않는 상태의 전기

④ 정전기력 : 양, 음의 전하가 대전되어 생기는 현상으로, 정전기에 의하여 작용하는 힘

⑤ 마찰 전기 : 서로 다른 물체를 마찰시켰을 때 발생하는 전기

(2) 전하의 성질

① 같은 종류의 전하는 서로 반발하고(반발력), 다른 종류의 전하는 서로 흡인(흡인력)한다.

② 전하는 가장 안정한 상태를 유지하려는 성질이 있다.

극성이 같은 전하의 전기장	극성이 다른 전하의 전기장
(+) ← → (+)	(+) → ← (−)

필기 NOTE !

(3) 스칼라(Scalar)와 벡터(Vector)의 정의

① 스칼라양 : 크기만으로 나타내는 양
  예 길이, 질량, 온도, 에너지, 자위, 전위, 일 등

② 벡터양 : 크기와 방향으로 나타내는 양 → 운동계
  예 힘, 속도, 가속도, 토크(회전력), 전계, 자계 등

(4) 두 전하 사이에 작용하는 힘

두 전하의 곱에 비례하고 두 전하의 거리 제곱에 반비례한다.

$Q_1[C]$ $Q_2[C]$
(X_1, Y_1, Z_1) $r[m]$ (X_2, Y_2, Z_2)

$$F = k\frac{Q_1 Q_2}{r^2} = \frac{1}{4\pi\varepsilon_0} \times \frac{Q_1 Q_2}{r^2} \fallingdotseq 9 \times 10^9 \frac{Q_1 Q_2}{r^2} [N]$$

(5) 정전계의 정의

정지된 전하에 의한 전기력선이 미치는 공간을 말한다.

필기 NOTE !

(6) 전계의 세기의 정의

$Q[C]$의 전하가 $r[m]$ 떨어진 곳에 단위전하 $+1[C]$에 대해 작용하는 힘의 세기

$F = \dfrac{1}{4\pi\varepsilon_0} \times \dfrac{Q_1 Q_2}{r^2}$ 에서 $Q_2 = 1[C]$으로 가상하여 세기를 구하는 것이 전계(E)이므로

$E = \dfrac{Q_1 \times 1}{4\pi\varepsilon_0 r^2} = 9 \times 10^9 \times \dfrac{Q}{r^2} = \dfrac{F}{Q}$ 이다.

(7) 원둘레(l) = $\pi D = 2\pi r$

원면적(S) = πr^2

구표면적(S) = $4\pi r^2$

구체적(부피, V) = $\dfrac{4}{3}\pi r^3$

(8) 전위의 정의

단위정전하($+1[C]$)를 전계로부터 무한원점 떨어진 곳에서 전계 안에서의 임의의 점까지 전계와 반대방향으로 이동시키는 데 필요한 일의 양

$V = \dfrac{Q}{4\pi\varepsilon_0 r} = 9 \times 10^9 \dfrac{Q}{r} [V]$

필기 NOTE !

(9) 전기력선의 정의 및 성질

① 전계의 모양을 나타내기 위해 가시화시킨 선

② 전기력선의 접선의 방향은 전계의 방향이고 수직한 단면적의 전기력선의 밀도는 전계의 세기이다.

③ 전기력선은 정(+)전하에서 출발하여 부(-)전하로 끝난다.

④ 전기력선은 반발하며 교차하지 않는다. 또한 회전하지 않는다.

⑤ 임의 점에서 전계의 세기는 전기력선의 밀도와 같다(가우스 법칙).

(10) 전속수 및 전속밀도

① 전하의 존재를 흐르는 선속으로 표시한 가상적인 선이며 $Q[C]$에서는 Q개의 전속선이 발생하고 $1[C]$에서는 1개의 전속선이 발생하며, 항상 전하와 같은 양의 전속이 발생하며 매질상수와 관계없다.

$\psi = Q$

② 전속밀도 : 단위면적당 전속의 수

(11) 정전용량

① 콘덴서 : 전하를 축적하는 전기장치(평행판 콘덴서)

② 정전용량 : 콘덴서가 전하를 축적하는 능력, C[F]

　㉠ 전하(Q) = CV[C]

　㉡ 정전용량(C) = $\dfrac{Q}{V}$ [F = C/V]

　㉢ 전위(V) = $\dfrac{Q}{C}$ [V = C/F]

(12) 유전율(ε) : 전하가 유전되어 퍼져나가는 비율

(13) 비유전율(ε_s)

① 공기 중의 유전율(ε_0)에 대한 다른 매질의 유전율의 비율로 매질마다 각각 다른 값을 가지며 진공(공기) 중에서의 값은 1이다.

② $\varepsilon = \varepsilon_0 \varepsilon_s$ 에서 $\varepsilon_s = \dfrac{\varepsilon}{\varepsilon_0} > 1$

필기 NOTE !

(14) 패러데이관

단위전하(+1[C])가 만든 전기력관

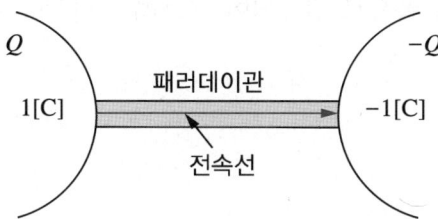

① 패러데이관의 성질
  ㉠ 패러데이관 수와 전속선 수는 같다.
  ㉡ 패러데이관 양단에 정(+), 부(-)의 단위진전하가 존재한다.
  ㉢ 진전하가 없는 점에서는 패러데이관은 연속이다.
  ㉣ 패러데이관의 밀도는 전속밀도와 같다.
    패러데이관의 밀도 $\nabla \cdot D = \rho$

(15) 여러 가지 현상

① **제베크 효과** : 서로 다른 금속을 접속하고 접속점을 서로 다른 온도로 유지하면 기전력이 생겨 일정한 방향으로 전류가 흐르는 것을 제베크 효과(Seebeck Effect)라 한다.

② **펠티에 효과** : 서로 다른 금속에서 다른 쪽 금속으로 전류를 흘리면 열의 발생 또는 흡수가 일어나는 현상을 펠티에 효과(Peltier Effect)라 한다.

필기NOTE /

③ **톰슨 효과** : 동종의 금속에서 각부에 온도가 다르면 그 부분에서 열의 발생 또는 흡수가 일어나는 효과를 톰슨 효과(Thomson Effect)라 한다.

④ **핀치 효과** : 직류전압 인가 시 전류가 도선 중심쪽으로 집중되어 흐르려는 현상을 핀치 효과(Pinch Effect)라 한다.

(16) 전기 영상법(Electric Image Method)

도체 표면이나 유전체 경계면을 거울면에 영상이 맺히는 것처럼 전기적 영상전하를 가상하여 그 영상전하가 경계면에서 경계조건을 대신하여도 원래의 전기력선 분포에는 변화가 없는 것으로 가상하여 전계나 힘을 계산하는 방법

(17) 전류의 종류

① 전도전류(Conduction Current) : 자유전자의 이동으로 인하여 발생하는 전류

$$I_C = \frac{V}{R}[\text{A}]$$

② 변위전류(Displacement Current) : 유전체의 전기 분극에 의해 발생하는 전류

$$I_D = \frac{\partial Q}{\partial t}$$

필기 NOTE !

(18) 자계에서의 쿨롱의 법칙의 성질

① 서로 같은 극끼리는 반발력, 서로 다른 극끼리는 흡인력이 작용한다.

② 힘의 크기는 두 자하량의 곱에 비례하고 떨어진 거리의 제곱에 반비례한다.

③ 힘의 방향은 두 자하의 일직선상에 존재한다.

④ 힘의 크기는 매질과 관계가 있다.

(19) 자계의 세기의 정의

① 자장 안에 단위점자극 1[Wb]를 놓았을 때의 힘의 세기

② 자기력선의 밀도가 그 점의 자계의 세기와 같다.

(20) 자속수 및 자속밀도

① **자속** : 자극의 존재를 흐르는 자속으로 표시한 가상의 선으로 내부자하량 m[Wb]만큼 나오며 자극의 세기와 같고 매질상수와 관계없다.

$\phi = m$[Wb]

② **자속밀도** : 단위면적당 자속의 수

$B = \dfrac{\phi}{S}$ [Wb/m^2]

필기 NOTE !

(21) 자성체와 자화

① **자성체** : 물체에 자계를 가하면 그 물체는 자기적 성질을 갖고 이러한 현상을 자화(Magnetization)된다고 하며 이러한 물체를 자성체라 한다.

② **자화의 주원인** : 전자의 자전(스핀)

(22) 히스테리시스 곡선(자기이력 곡선)

자기력 H의 변화에 지연되는 자속밀도 B를 나타낸 그래프

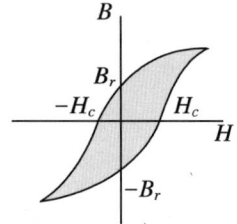

① 잔류자기와 보자력

　㉠ 잔류자기(B_r) : 자장을 작용시켜 자화된 물체에 자장을 제거하여도 자력이 남아 있는 것

　㉡ 보자력(H_c) : 자화된 자성체의 자화도를 0으로 만들기 위해 걸어주는 역자기장의 세기

필기 NOTE /

(23) 전자유도 현상(Electromagnetic Induction)

코일 주위의 자기장이 변화할 때 코일에 전류가 흐르는 현상

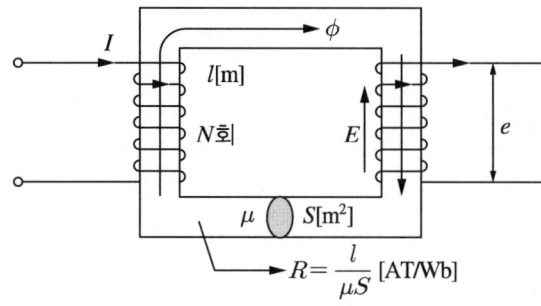

(24) 전자유도 법칙

① 패러데이 법칙(Faraday's Law) : 하나의 회로에 전자유도에 의하여 회로에 발생되는 기전력의 크기는 그 회로에 쇄교하는 자속의 증감률에 비례하는 법칙

② 렌츠의 법칙(Lenz's Law) : 코일에서 발생하는 기전력의 방향은 자속 ϕ의 증감을 방해하는 방향으로 발생한다는 법칙

③ 패러데이-렌츠의 전자유도법칙(노이만의 법칙) : 권수가 N인 코일과 쇄교하는 경우
$e = -N\dfrac{d\phi}{dt}[\text{V}]$

(25) 플레밍의 오른손 법칙

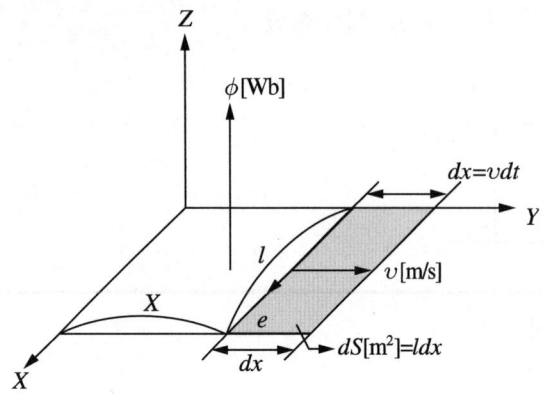

① 발전기의 원리이며 자계 내에 놓인 도체가 운동하면서 자속을 끊어 기전력을 발생시키는 원리

② 엄지 : v(속도)
  검지 : B(자속밀도)
  중지 : e(유기기전력)

(26) 인덕턴스의 특징

① 전류에 의해 발생하는 자속 ϕ의 발생 정도를 결정하는 상수

② 전류에 대한 자속의 비율

필기 NOTE !

CHAPTER 04 전력공학

(1) 용어

① 발전기
   ㉠ 역학적 힘이나 열 등 외부의 요인으로부터 전기를 얻는 장치
   ㉡ 역학적 일에 의해 전기에너지를 만드는 역학적 발전기는 수력, 화력, 원자력, 풍력, 조력 등이 있고 역학적 발전 외에 태양광발전 등이 있다.

② 변압기
   ㉠ 전압을 높이거나 낮추는 장치
   ㉡ 전압을 높이는 장치를 승압변압기라 하고, 전압을 낮추는 장치를 감압변압기라고 한다.

③ 차단기 : 전기회로에 과전류, 즉 정격전류 이상의 전류가 흐를 때 사고를 예방하기 위해 전류의 흐름을 끊는 기계

④ 직렬콘덴서 : 선로의 유동성 리액턴스를 보상하여 전압강하 발생 방지

⑤ 병렬콘덴서
   ㉠ 부하의 역률 개선
   ㉡ 역률 $\cos\theta = \dfrac{\text{유효전력[kW]}}{\text{피상전력[kVA]}} \times 100$

필기 NOTE !

ⓒ $Q_c = P\left(\dfrac{\sin\theta_1}{\cos\theta_1} - \dfrac{\sin\theta_2}{\cos\theta_2}\right)[\text{kVA}] = P\left(\dfrac{\sqrt{1-\cos^2\theta_1}}{\cos\theta_1} - \dfrac{\sqrt{1-\cos^2\theta_2}}{\cos\theta_2}\right)$
$= P(\tan\theta_1 - \tan\theta_2)$

⑥ 피뢰기 : 뇌에 의한 이상전압에 대하여 그 파곳값을 저감시켜 전기기기를 절연파괴에서 보호하는 장치

⑦ 예비전원설비 : 인체 안전확보에 반드시 필요한 전기설비 이외의 전기설비에 대한 일반적인 전력공급이 중단된 경우, 해당 전기설비 또는 부품, 일부기능을 유지하기 위한 전기설비(상용 전원 정전 시에만 투입)

⑧ 공칭전압 : 그 전선로를 대표하는 선간전압

⑨ 접촉전압 : 사람이나 동물 등이 도전부에 접촉할 경우 작용하는 전압

⑩ 누설전류 : 전기설비의 고장이 나지 않은 상태에서 대지 또는 회로의 노출 도전성 부분에 흐르는 전류

⑪ 외함 : 외부의 영향 및 기기 내부의 위험 충전부에 접근을 방지하는 것

⑫ 간선 : 간선이란 분전반에 전력을 공급하는 회로

⑬ 분기회로 : 전기사용기기 또는 콘센트에 직접 접속되는 회로

⑭ 허용전류 : 도체가 정상상태의 경우에 온도가 지정된 수치를 초과하지 않는 조건하에서 도체에 연속적으로 통전 가능한 최대전류

⑮ 과전류 : 전기기기에 대해서는 그의 정격전류, 전선에 대해서는 허용전류를 초과하는 전류

⑯ 과부하전류 : 전기적인 고장이 없이 회로에 발생한 과전류

필기 NOTE !

⑰ **단락전류** : 단락전류란 보통의 운전상태에서 전위차가 있는 충전 도체 간에 임피던스가 0인 고장에 기인하는 과전류

(2) 저 항

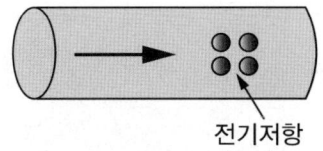
전기저항

① 전기저항
   ㉠ 도선에 전류가 흐를 때 전류의 흐름을 방해하는 저항 → 작으면 작을수록 좋다.
   ㉡ $R = \rho \dfrac{l}{A}$ (R : 전기저항[Ω], ρ : 고유저항[$10^6 \cdot \Omega \cdot mm^2/m$] = [$\Omega \cdot m$], l : 길이[m], A : 단면적[mm^2])

② 절연저항
   ㉠ 전류가 도체에서 절연물을 통하여 다른 충전부나 기기의 케이스 등에서 새는 경로의 저항
   ㉡ 절연저항이 저하하면 감전이나 과열에 의한 화재 및 쇼크 등의 사고가 뒤따른다. → 절연저항은 크면 클수록 좋다.

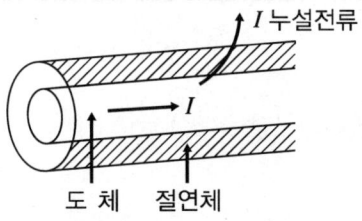

   ㉢ 누설컨덕턴스 $G = \dfrac{1}{R(절연저항)}$

필기 NOTE !

③ 접지저항
　㉠ 접지판 또는 접지봉과 대지 사이에 생기는 저항으로 하나의 접지극을 통하여 접지전류가 대지로 흐른다.
　㉡ 감전사고 방지 및 화재발생이 방지된다. → 접지저항이 작으면 작을수록 좋다.

(3) 전 선

① 절연물에 의한 분류

(나전선 그림)	나전선 : 송전선로, 시가지 외 배전선로
(절연전선 그림 - 절연)	절연전선 : 옥내배선, 시가지 내 배전선로
(케이블 그림 - 외장)	케이블 : 지중전선로

필기 NOTE /

② 가닥수에 의한 분류

단 선	연 선
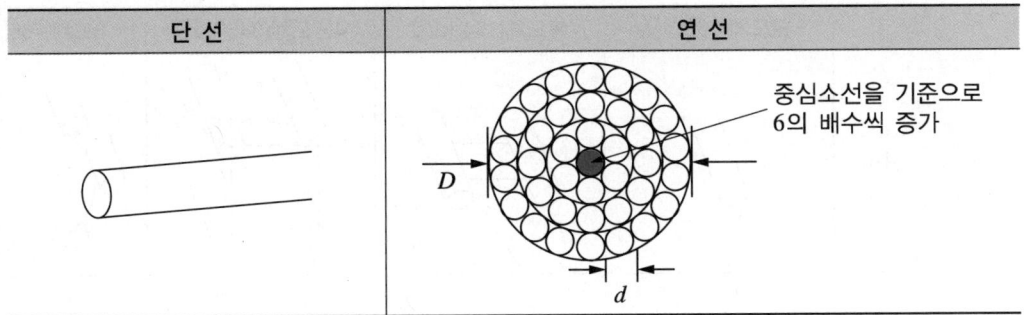	

㉠ $N = 3n(n+1) + 1$ (N : 총가닥수, n : 층수)

㉡ $D = (2n+1)d[\text{mm}]$ (D : 연선의 직경, d : 소선의 직경)

㉢ $A = aN = \dfrac{\pi}{4}d^2 N[\text{mm}^2]$ (A : 연선의 단면적, a : 소선의 단면적)

필기 NOTE !

③ 도체수에 의한 분류

	단도체(66[kV])	복도체(154[kV])	4단도체(345[kV])	6도체(765[kV])
A상				
B상				
C상				

필기 NOTE !

(4) 철 탑

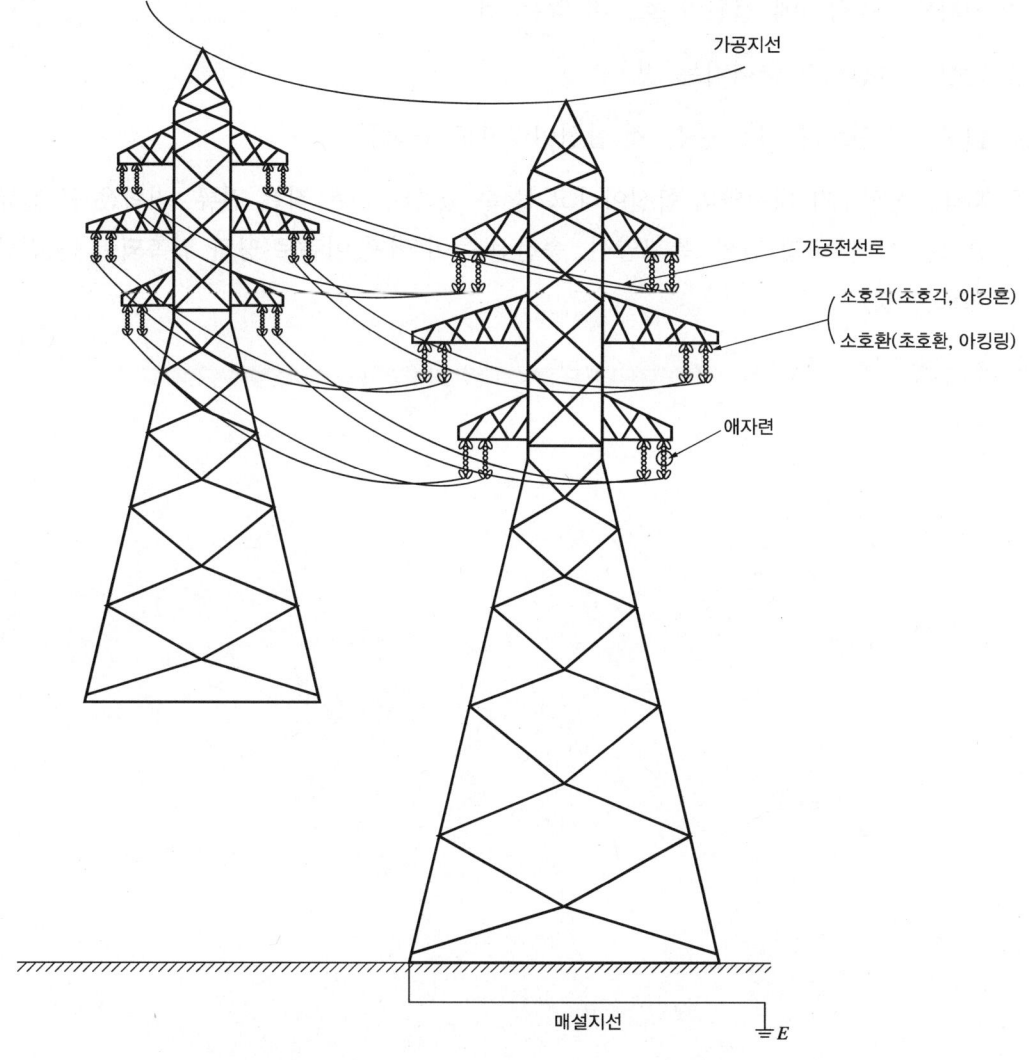

필기 NOTE !

① **전선로** : 전원이 흐르는 선
② **지지선** : 평상시에 전원이 흐르지 않는 선
③ **단선** : 전선로가 끊어지는 것
④ **단락** : 전선로가 서로 붙은 것(합선이라고도 표현함)
⑤ **지락** : 전선로가 대지와의 합선이라고 볼 수 있음(누전은 작은 전류, 지락은 큰 전류가 흐르는 상태. 고압 전선, 특고압선, 송전선 등이 어떤 이유로 땅과 접촉되어 큰 전류가 흐르는 것)

필기 NOTE /

(5) 배전선로

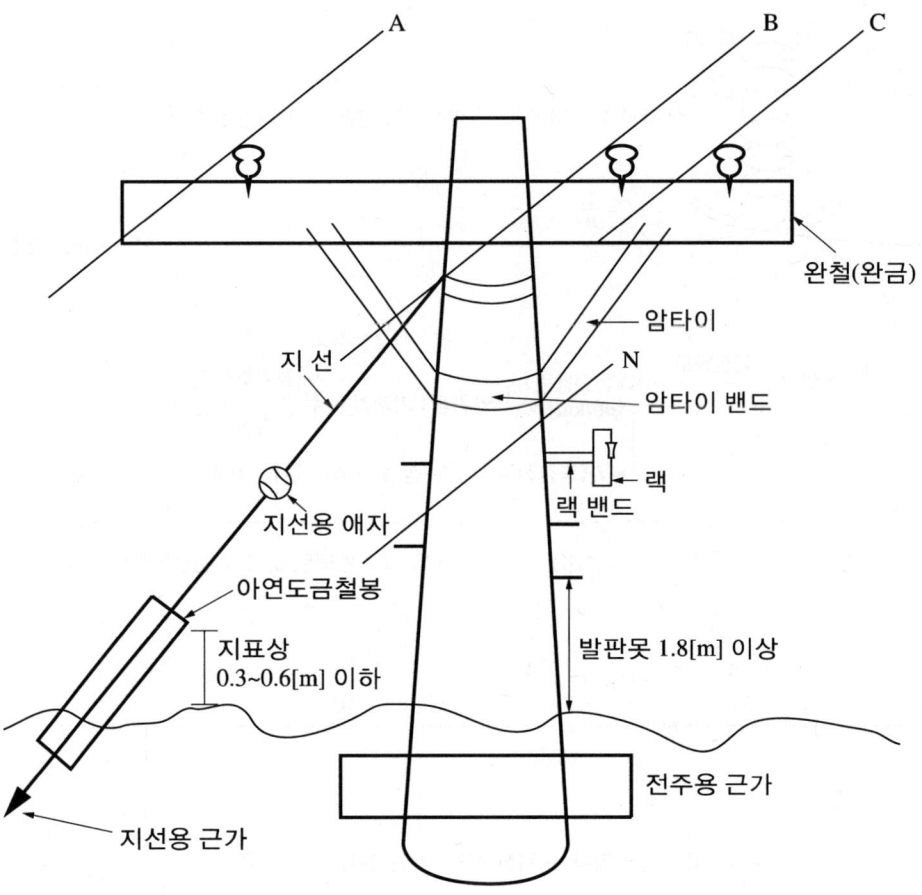

(6) 선로정수

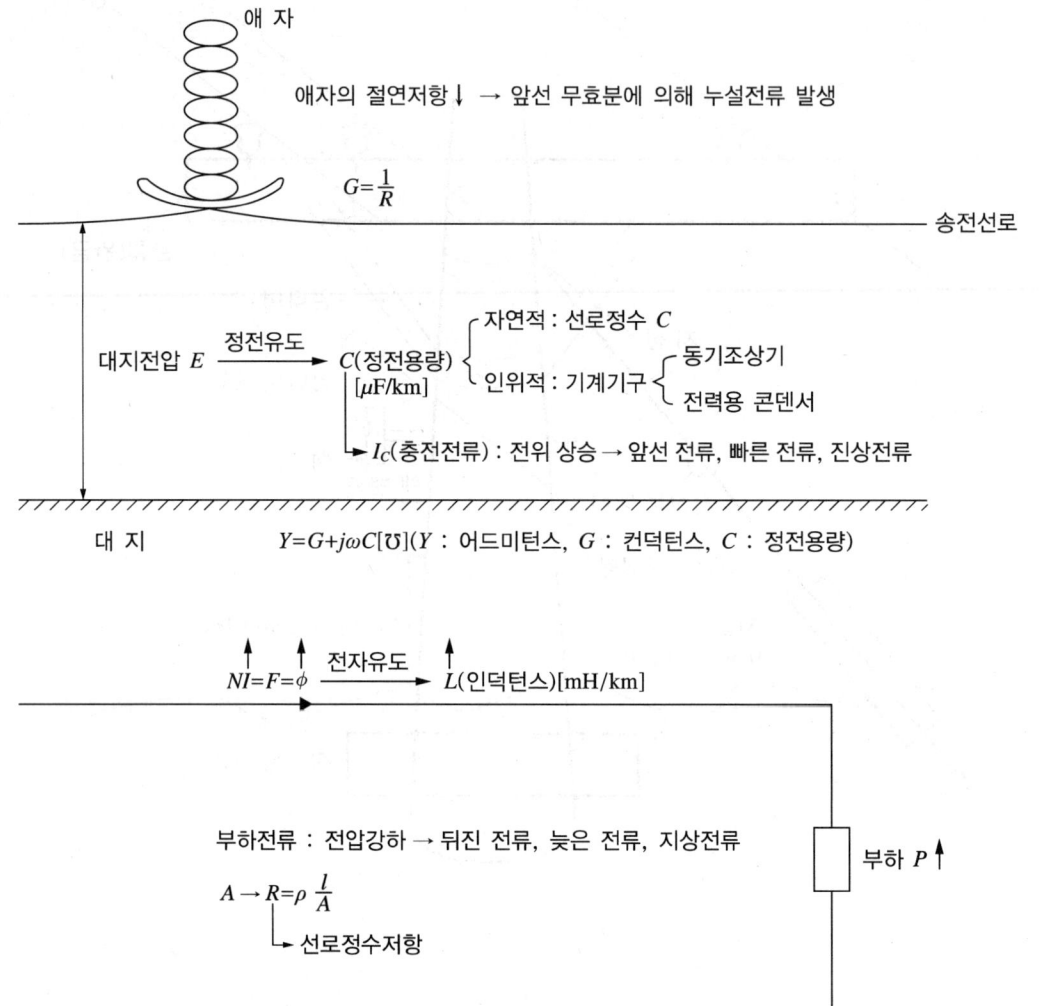

필기 NOTE !

※ 선로정수

	명 칭	원 인	단 위
R	저 항	전선의 굵기	[Ω/km]
L	인덕턴스	부하전류	[μH/km]
C	정전용량	대지전압	[μF/km]
G	컨덕턴스	누설전류	[℧/km]

$Z = R + j\omega L$

$Y = G + j\omega C$

↓ (G는 값이 작으므로 무시)

$Z = R + j\omega L + \dfrac{1}{j\omega C} \left(\dfrac{1}{j\omega C} = -j\dfrac{1}{\omega C} \right)$

$\quad = R + j\left(\omega L - \dfrac{1}{\omega C}\right)$

$\quad = R + j(X_L - X_C)$ (X_L : 유도성 리액턴스, X_C : 용량성 리액턴스)

$Z = R + jX$ (X : 리액턴스)

$X = X_L - X_C$

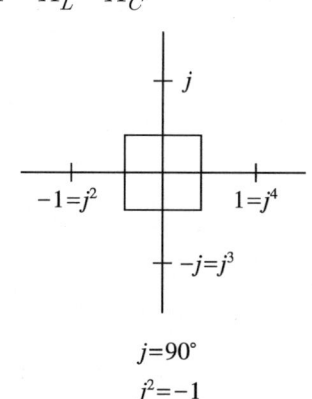

$j = 90°$
$j^2 = -1$

필기 NOTE /

(7) 비 교

① 직류 · 교류

	절연비용	손 실	주파수	승압(강압)	차 단
교류 (AC)	비싸다.	크다.	○	쉽다.	쉽다.
직류 (DC)	싸다.	작다.	×	어렵다.	어렵다 (20[kV] 이하만 가능).

※ 현재 발전소에서 수용가까지(일부구간을 제외) 교류를 사용

필기 NOTE !

② 전기방식별 비교

전기방식	결선도	장점 및 단점	사용처
단상 2선식		• 구성이 간단하다. • 부하의 불평형이 없다. • 소요 동량이 크다. • 전력손실이 크다. • 대용량부하에 부적합하다.	주택 등 소규모 수용가에 적합하며, 220[V]를 사용한다.
단상 3선식		• 부하를 110/220[V] 동시 사용 • 부하의 불평형이 있다. • 소요 동량이 2선식의 37.5[%]이다. • 중성선 단선 시 이상전압이 발생한다.	공장의 전등, 전열용으로 사용되며 빌딩이나 주택에서는 거의 사용하지 않는다.
3상 3선식		• 2선식에 비해 동량이 적고, 전압강하 등이 개선된다. • 동력부하에 적합하다. • 소요 동량이 2선식의 75[%]이다.	빌딩에서는 거의 사용되지 않고 있으며 주로 공장 동력용으로 사용된다.
3상 4선식		• 경제적인 방식이다. • 중성선 단선 시 이상전압이 발생한다. • 단상과 3상 부하를 동시 사용할 수 있다. • 부하의 불평형이 발생한다. • 소요 동량이 2선식의 33.3[%]이다.	대용량의 상가, 빌딩은 물론 공장 등에서 가장 많이 사용된다.

필기 NOTE !

(8) 표피효과

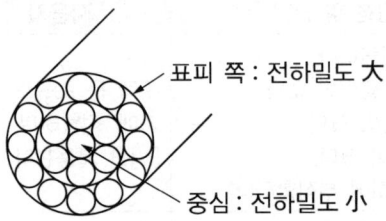

표피 쪽 : 전하밀도 大
중심 : 전하밀도 小

① 표피효과 : 전선 표피 쪽은 전하밀도가 크고, 중심은 전하밀도가 작다.
A(전선의 단면적) 大, f(주파수) 大, 도전율 大, 투자율 大 → 많이 발생

(9) ACSR(강심알루미늄연선)

① 송·배전선로에 사용

② 강하고 가볍고 직경이 증가된 선

③ 댐퍼 : 전선의 진동을 흡수하여 단선사고를 방지

필기 NOTE !

(10) 전선도의 구비조건

① 도전율이 클 것

② 기계적 강도가 클 것

③ 비중, 밀도가 적을 것

④ 부식성이 작을 것

⑤ 내구성(내식성)이 클 것

⑥ 가요성이 풍부할 것

⑦ 경제적일 것

※ 옥내배선의 굵기 결정 3요소 : 허용전류, 전압강하, 기계적 강도

(11) 애 자

① 목 적
  ㉠ 전선로를 지지한다.
  ㉡ 전선로와 지지물과의 절연 간격 유지

② 구비조건
  ㉠ 절연저항이 클 것
  ㉡ 절연내력이 클 것
  ㉢ 기계적 강도가 클 것
  ㉣ 정전용량이 적을 것
  ㉤ 경제적일 것

필기 NOTE !

③ 현수애자
　㉠ 크 기
　　• 자기(사기)부분의 지름 : 254[mm]
　㉡ 용도 : 송·배전선로

전 압	22.9[kV]	66[kV]	154[kV]	345[kV]	765[kV]
개 수	2~3개	4~6개	9~11개	18~23개	38~43개

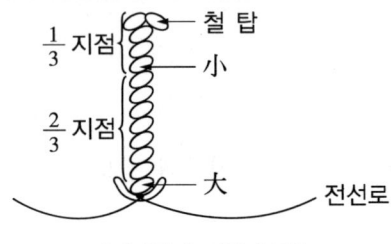

[애자련의 전압 부담]

④ 소호각(초호각, 아킹혼)
　소호환(초호환, 아킹링)
　→ 뇌(섬락현상)로부터 애자련을 보호

⑤ 건조섬락시험 : 80[kV]
　유중파괴시험 : 150[kV]

⑥ 애자련의 효율

$$\eta = \frac{V_n}{nV_1} \times 100$$

(η : 효율, V_n : 전체 절연내력시험전압, n : 개수, V_1 : 한 개의 절연내력시험전압)

필기 NOTE !

(12) Offset(상과 상의 이격거리를 띄우는 것)

① 수직배열
　㉠ 상·하선의 혼촉방지
　㉡ 단락방지

② 수평배열
　㉠ 최소절연간격 : 900[mm]
　㉡ 표준절연간격 : 1,400[mm]

(13) 작용 인덕턴스

① 단도체

$$L = 0.05 + 0.4605 \log_{10} \frac{D'}{r} \, [\text{mH/km}]$$

(r : 도체의 반지름, D' : 등가선간거리 $= \sqrt[3]{D_1 \cdot D_2 \cdot D_3}$)

$$C = \frac{0.02413}{\log_{10} \frac{D'}{r}} \, [\mu\text{F/km}]$$

② 복도체

$$L = \frac{0.05}{n} + 0.4605 \log_{10} \frac{D'}{r'} \, [\text{mH/km}]$$

(n : 도체수, D' : 등가선간거리, r' : 등가반지름)

$$r' = r^{\frac{1}{n}} \cdot d^{\frac{n-1}{n}}$$

2도체 $r' = \sqrt{r \cdot d}$ (r : 소도체의 반지름, d : 소도체 간의 거리)

4도체 $r' = \sqrt[4]{r \cdot d^3}$

필기 NOTE !

(14) 연가(Transposition)

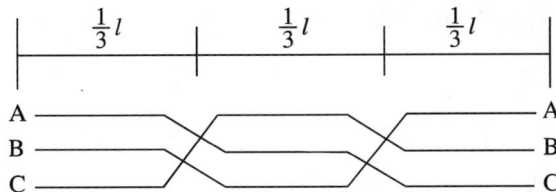

선로 전구간을 3등분하여 각 상의 위치를 바꿔 전자유도되는 크기와 정전유도되는 크기를 같게 한다.

- 선로정수평형
- 통신선의 유도장해방지
- 직렬공진방진

(15) 코로나

① 정의 : 전선로 주변에 절연이 부분적으로 파괴되는 현상

② 영 향

    ㉠ 코로나손에 의한 송전용량 감소

    ㉡ 오존(O_3)에 의한 전선의 부식 발생

    ㉢ 잡음으로 인한 전파장해 발생

    ㉣ 고주파로 인한 통신선의 유도장해 발생

③ 대 책

    ㉠ 전선의 직경을 크게 한다.

    ㉡ 복(다)도체방식

        ※ 스페이서 : 소도체 간에 흡인력에 의한 단락사고 방지를 위해 사이에 끼우는 절연체

(16) 3φ3W

$V_S = V_R + e$ (V_S : 송전단전압, V_R : 수전단전압)

① e(전압강하) $= V_S - V_R = \sqrt{3}\,I(R\cos\theta + X\sin\theta) = \dfrac{P}{V}(R + X\tan\theta)$

② δ(전압강하율) $= \dfrac{V_S - V_R}{V_R} \times 100 = \dfrac{\sqrt{3}\,I(R\cos\theta + X\sin\theta)}{V_R} \times 100$

$\qquad\qquad\quad = \dfrac{P}{V^2}(R + X\tan\theta) \times 100$

③ ε(전압변동률) $= \dfrac{V_{0R} - V_R}{V_R}$ (V_{0R} : 무부하 시 수전단전압)

P_l(전력손실) $= 3I^2R = \dfrac{P^2 R}{V^2 \cos^2\theta} = \dfrac{P^2 \rho l}{V^2 \cos^2\theta\, A}$

$P_l = \dfrac{1}{V^2}$

$P_l = \dfrac{1}{\cos^2\theta}$

$A = \dfrac{1}{V^2}$

$A(무게) = \dfrac{1}{(V\cos\theta)^2}$

$P = V^2$

필기 NOTE !

(17) 전파방정식

$E_S = AE_R + BI_R$

$I_S = CE_R + DI_R$

4단자 정수 : A, B, C, D

① 대칭관계식
  ㉠ $A = D$
  ㉡ $AD - BC = 1$

② T형 회로
  ㉠ $E_S = \left(1 + \dfrac{ZY}{2}\right)E_R + Z\left(1 + \dfrac{ZY}{4}\right)I_R$
  ㉡ $I_S = YE_R + \left(1 + \dfrac{ZY}{2}\right)I_R$

③ π형 회로
  ㉠ $E_S = \left(1 + \dfrac{ZY}{2}\right)E_R + ZI_R$
  ㉡ $I_S = Y\left(1 + \dfrac{ZY}{4}\right)E_R + \left(1 + \dfrac{ZY}{2}\right)I_R$

필기 NOTE !

(18) 장거리 송전선로

① 특성임피던스 $Z_0 = \sqrt{\dfrac{Z}{Y}} = \sqrt{\dfrac{R+j\omega L}{G+j\omega C}} = \sqrt{\dfrac{L}{C}} = 138\log_{10}\dfrac{D}{r} \neq l(\text{일정})$

② 전파속도 $V = \dfrac{1}{\sqrt{ZY}} = \dfrac{1}{\sqrt{LC}}$

(19) 안정도

전력계통에서 상호 협조하여 동기이탈을 하지 않고 안전하게 운반하는 정도

필기 NOTE !

(20) 단락관계

① $\%Z = \dfrac{I_n Z}{E_n} \times 100$ ($\%Z$, I_n : 정격전류[A], Z : 임피던스[Ω], E_n : 상전압[V])

② $\%Z = \dfrac{PZ}{10 V^2}$ ($\%Z$, P : 용량[kVA], Z : 임피던스[Ω], V : 선간전압[kV])

③ $I_S = \dfrac{E}{Z}$ (I_S : 단락전류[A], E : 상전압[V], Z : 임피던스[Ω])

④ $I_S = \dfrac{100}{\%Z} I_n = \dfrac{100}{\%Z} \dfrac{P}{\sqrt{3}\, V}$

⑤ 단락용량

　㉠ $P_S = \sqrt{3}\, V I_S$

　㉡ $P_S = \dfrac{100}{\%Z} P_n$

필기 NOTE !

(21) 접지방식

① 비접지방식
　㉠ 변압기를 △-△결선하여 송전하는 방식
　㉡ 주로 20~30[kV] 정도의 단거리 송전선 또는 배전선에 사용됨

② 직접 접지방식
　㉠ Y결선의 중성점을 직접 도선으로 접지하는 방식인데, 선로나 변압기의 절연을 낮게 할 수 있다.
　㉡ 접지 계전기의 동작이 용이하여 선택, 차단이 확실하다.

③ 저항 접지방식
　변압기의 중성점을 저항을 통해 접지하는 방식

④ 소호 리액터(코일) 접지식
　중성점을 소호 리액터를 통해서 접지하는 방식
　㉠ 장 점
　　• 통신선에 대한 유도장해가 적다.
　　• 고장 난 곳의 전선이나 애자의 손상이 적다.
　㉡ 단 점
　　• 시설비가 비싸다.
　　• 단선사고의 경우 이상전압 발생의 염려가 있다.

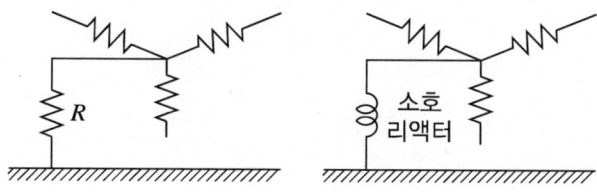

필기 NOTE !

(22) 뇌

① **가공지선** : 직격뢰차폐, 유도뢰차폐, 통신선의 유도장해차폐

② **매설지선** : 철탑의 저항값을 줄여 역섬락을 방지

③ **소호각** : 뇌로부터 애자련을 보호

④ **피뢰기**
  ㉠ 설치목적 : 뇌전류를 대지로 방전시켜 이상전압 발생을 방지, 속류를 차단
  ㉡ 설치장소
    • 발·변전소 인입구 및 인출구
    • 배전용 변전탑 인입구 및 인출구
    • 고·특고압 수용가 인입구
    • 가공전선로와 지중전선로 접속점
  ㉢ 구비조건
    • 상용주파 방전개시전압은 높을 것
    • 충격 방전개시전압은 낮을 것
    • 제한전압은 낮을 것
    • 속류차단능력 클 것
  ㉣ 제한전압 : 피뢰기 동작 중 단자전압의 파고치
  ㉤ 정격전압 : 속류가 차단되는 교류의 최곳값

필기 NOTE !

(23) 수·변전설비 기기와 결선

① 수·변전설비의 주회로 결선

수·변전설비 주회로 접속도는 전력기기를 심벌로 표시하여 상호 접속을 종합적이고 전개식으로 표시한 계통도이며 전기설비의 기본설계도라 할 수 있다. 결선도에는 단선결선도와 복선결선도가 있다.

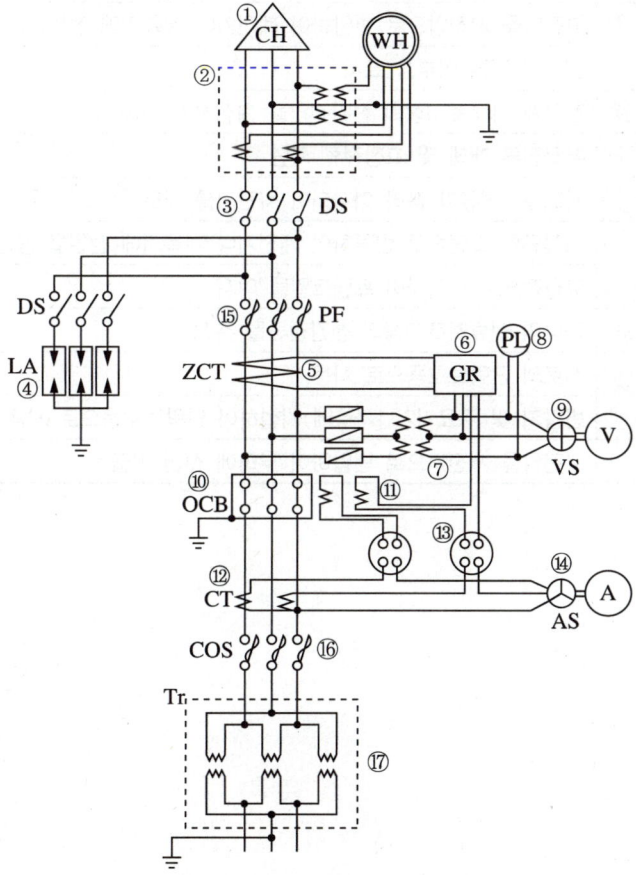

[수변전설비의 복선결선도 예]

필기 NOTE !

①	케이블헤드(CH)	케이블 단말처리 및 접지를 용이하게 하고 절연 열화 방지
②	계기용 변성기(MOF)	전력량계 산출을 위해 PT와 CT를 하나의 함 속에 넣은 것
③	단로기(DS)	차단기와 조합하여 사용하며 전류가 통하고 있지 않은 상태에서 개폐가능
④	피뢰기(LA)	이상전압 발생 시 대지로 방전시키고 속류를 차단
⑤	영상변류기(ZCT)	지락 영상전류 검출
⑥	지락계전기(GR)	전로의 지락 시 지락전류로 동작하여 트립 코일을 여자
⑦	계기용 변압기(PT)	고전압을 저전압으로 변압하여 계전기나 계측기에 전원공급
⑧	표시등(PL)	전원의 정전 여부를 표시
⑨	전압계용 전환스위치(VS)	전압계 하나로 3상의 선간전압을 측정하기 위해 사용
⑩	유입차단기(OCB)	부하전류 개폐 및 고장전류 차단
⑪	트립코일(TC)	사고 시 전류가 흘러 여자되어 차단기를 개로
⑫	계기용 변류기(CT)	대전류를 소전류로 변류하여 계전기나 계측기에 전원을 공급
⑬	과전류계전기(OCR)	고장전류로 동작하여 트립코일을 여자
⑭	전류계용 전환스위치(AS)	하나의 전류계로 3상의 선간전류를 측정
⑮	전력퓨즈(PF)	전로의 단락보호용으로 사용
⑯	컷아웃스위치(COS)	변압기 및 주요기기 1차측에 시설하여 단락보호용으로 사용
⑰	변압기(Tr)	고전압을 저전압으로 변압하여 부하에 전원 공급

(24) 수 · 변전설비 기기의 구성

① 변압기(Tr)

  ㉠ 변압기 주변의 보호장치

장 치	기 능
피뢰기(LA)	뇌(雷)서지, 개폐서지 등의 이상전압에서 변압기를 보호
차단기(CB)	과전류계전기나 지락계전기와 조합해서 과부하, 단락이나 지락사고로부터 변압기를 보호
과전류계전기(OCR)	변류기(CT)에 의하여 과전류를 검출하여 차단기를 동작시키는 릴레이
지락계전기(GR)	영상변류기(ZCT)와 영상변압기(GPT)에 의하여 지락사고를 검출하여 차단기를 동작시키는 릴레이
프라이머리 · 컷아웃 (PC, COS)	퓨즈 스위치로서 단락사고 시 퓨즈로 차단
배선용 차단기(MCCB)	변압기의 2차측에 설치하며 과전류를 검출하여 차단
차동계전기(Df)	변압기의 1차, 2차에 CT를 설치하고, 전류 자동회로에 과전류계전기 OCR을 삽입한 것으로 변압기 내부고장 시는 1차, 2차 전류의 차이가 발생하여 계전기가 동작하는 방식이다.
비율차동계전기 (RDf)	차동계전기의 오동작을 방지하기 위하여 그림과 같이 억제코일을 삽입하여 통과전류로 억제력을 발생시키고, 차전류로 동작력을 발생시키도록 한 방식이다. $I_1 \downarrow$ CT$_1$ i_1 차전류 $i_d = i_1 - i_2$ TR i_d 억제코일(RC) 동작코일(OC) CT$_2$ i_2 $I_2 \downarrow$
부흐홀츠계전기	변압기 내부 고장으로 인한 절연유의 온도 상승 시 발생하는 유증기를 검출하여 경보 및 차단하기 위한 계전기로 변압기 탱크와 컨서베이터 사이에 설치한다.

필기 NOTE /

CHAPTER 05 전기기기

(1) 자 계

그림 1과 같이 도선에 전류를 흘리면 철가루는 도체를 중심으로 여러 개의 원을 형성하므로 주위에 어떤 영향을 주는 것을 볼 수 있는데 이러한 공간을 자계(磁界)라 한다.

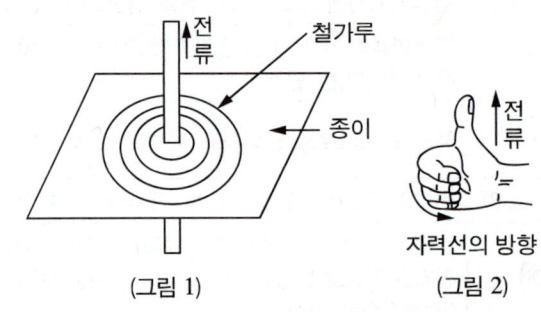

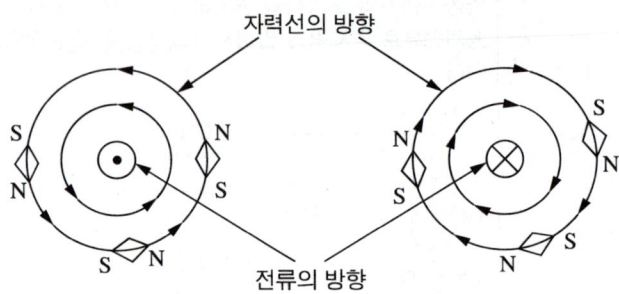

필기 NOTE !

(2) 전자석의 극성

전기기계에서는 거의 전자석을 사용하고 있으며 전류의 방향과 권선의 감는 방향에 따라 극성이 결정된다.

그림 2와 같이 전류가 들어가는 방향일 때의 자력선의 방향을 알 수 있다. 이와 같은 현상을 앙페르의 오른손 법칙이라 한다.

(3) 기자력(F)

자속을 일으키는 힘으로 단위는 권선수[T], 전류[A]라 할 때 [AT : 암페어턴]이라는 단위를 사용

(4) 계자전류(界磁電流), 여자전류(勵磁電流)

전자석을 만들기 위해 흐르는 전류

(5) 전자유도작용

전자유도작용은 간단히 설명하면 「도체가 자속을 끊으면 도체에는 기전력을 유도한다」라는 뜻이다.

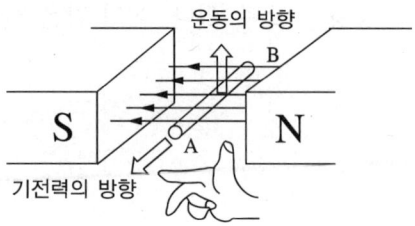

(6) 기전력(E)

① 방향을 알아내는 방법 : 플레밍의 오른손 법칙
  ㉠ 엄지 : 속도($v[\text{m/s}]$)
  ㉡ 검지 : 자속밀도($B[\text{Wb/m}^2]$)
  ㉢ 중지 : 유기기전력($e[\text{V}]$)

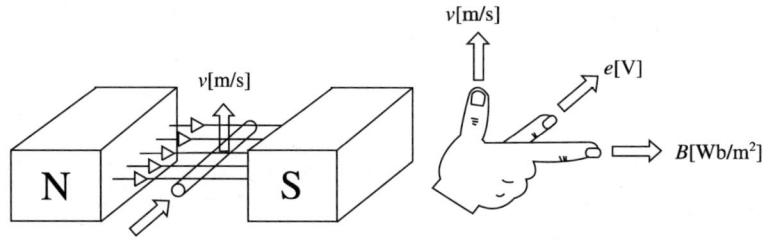

필기 NOTE !

㉣ 기전력의 방향과 크기 : 렌츠의 법칙(−) $\left(e = -N\dfrac{d\phi}{dt}[\text{V}]\right)$

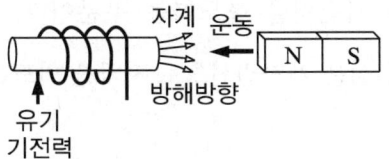

(7) 유기기전력

① 전기자 도체 1개당 유기되는 기전력 : $e = Blv$

② 회전자속도 : $v = \pi D \dfrac{N}{60}[\text{m/s}]$

따라서 $e = Blv = Bl\pi D \dfrac{N}{60}[\text{V}]$

여기서 전기자표면의 총자속 $= P\phi = Bl\pi D$

그러므로 $e = Blv = \dfrac{P\phi}{\pi Dl} \times l \times \dfrac{\pi DN}{60} = P\phi \dfrac{N}{60}$

또한 도체수가 Z개일 때 전체 유기기전력 E는

$E = \dfrac{eZ}{a} = Bl\pi D \dfrac{N}{60} \dfrac{Z}{a} = P\phi \dfrac{N}{60} \dfrac{Z}{a} = k\phi N$

(B : 자속밀도, l : 도체길이, D : 회전자 지름, P : 극수, ϕ : 극당 자속수,
 N : 분당 회전수, Z : 도체수)

필기 NOTE !

(8) 직류발전기의 구조

① **전기자** : 원동기로 회전시켜 자속을 끊으면서 기전력을 유도하는 부분이다.

② **계자** : 전기자가 쇄교하는 자속을 만드는 부분(철심은 계자권선으로 자극을 만드는 것)이다.

③ **정류자** : 브러시(Brush)와 접촉하여 전기자권선에 유도되는 교류기전력을 정류해서 직류로 만드는 부분(브러시와 접촉하여 마찰이 생기므로 마모됨은 물론 불꽃 등으로 높은 온도가 된다)이다.

④ **브러시** : 정류자면에 접촉하여 전기자권선과 외부회로를 연결하는 것이며, 적당한 접촉저항이 있고 연마성이 적어서 정류자면을 손상시키지 않고 기계적으로 튼튼해야 한다.

⑤ **브러시 홀더** : 브러시를 바른 위치로 유지하게 하고 스프링에 의하여 적당한 압력(보통 $0.15 \sim 0.25[kg/cm^2]$)으로 정류자면에 접촉시키는 장치이다.

※ 브러시 전체를 정류자면에 중성축으로 이동시켜야 할 때에는 브러시 진퇴기(로커)로 이동시킴

(9) 전기자 반작용

직류발전기에 부하를 접속하면 전기자권선에 전류가 흐르며 이 전류에 의하여 생긴 기자력은 주자극에 의하여 공극(Air Gap)에 만들어진 자속에 영향을 주어 자속의 분포나 크기가 변화한다. 이와 같은 전기자전류에 의한 자속이 계자권선의 주자속(계자극면)에 영향을 주는 현상을 전기자 반작용이라고 한다.

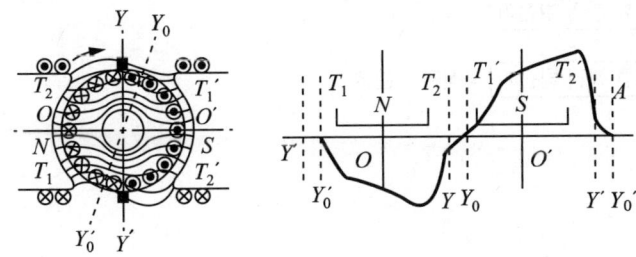

(10) 정 류

교류를 정류자의 작용으로 정류하여 직류기전력으로 변환하는 것을 정류(Commutation)라고 한다.

필기 NOTE !

(11) 직류기의 종류

계자 권선에 전류를 흘려주는 것을 여자라 하며 여자의 방법에 따라 다음과 같이 분류한다.

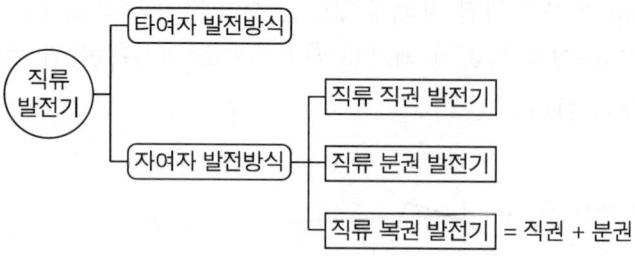

(12) 타여자

외부의 직류전원으로부터 여자전류를 받아서 계자자속을 만드는 것이다.

(13) 자여자 발전기

발전 전원에서 여자전류를 받아 계자 자속을 만드는 것으로 잔류자기가 있을 경우에만 발전한다.

필기 NOTE /

(14) 직류전동기의 원리

① 플레밍의 왼손 법칙 : 평등 자계(B) 속에 전기자 도체(l)를 놓고 전류(I)를 흘리면 도체에 전자력(F)이 발생한다.

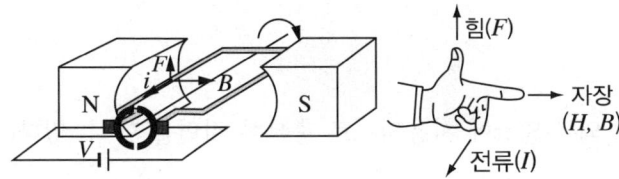

(15) 속도제어

① 자속(ϕ)을 변화시켜 전자속의 세기에 따라 속도 변화를 일으킴(자속제어)

② 공급전압(V)을 변화시켜 속도 변화를 일으킴(전압제어)

③ 전기자저항(R_a)을 변화시켜 공급전압을 변화, 속도 변화를 일으킴(저항제어)

④ 속도변동률 $\varepsilon = \dfrac{N_0 - N}{N} \times 100[\%]$

필기 NOTE !

(16) 동기발전기의 구조

① **고정자(Stator)** : 전기자나 부하권선 지지

② **회전자(Rotor)** : 회전계자형과 회전전기자형이 있으나 동기기는 회전계자형이 표준이 된다.

③ **회전계자형의 장점**
   ㉠ 전기자권선이 고정되어 있고 외부 Slot에 사용되므로 충분한 절연을 할 수 있다(기계적으로 유리).
   ㉡ 권선과 절연물이 원심력을 받지않아 기계적인 진동이 적다.
   ㉢ 고전압이 발생하여도 브러시를 통하지 않고 직접 외부회로에 연결할 수 있다. 브러시를 통하는 것은 직류 저전압이다.

④ **여자기** : 직류전원(DC 발전기 사용)

⑤ **냉각장치** : 전기자권선의 과열 방지, 냉매 – 공기, 물, 수소, 헬륨

⑥ **회전자 구조**

구 분	극 수	회전속도	배치, 지름	단락비	리액턴스	최대출력 부하각
돌극형	16~32	저속 (수차발전기)	수직형	0.9~1.2	직축 > 횡축	60°
비돌극형	2~4	고속 (터빈발전기)	수평형	0.6~1.0	직축 = 횡축	90°

필기 NOTE !

(17) 동기속도

일반적으로 1초 동안에 n_s 회전[rps]하는 경우에는 $f = \dfrac{P}{2} n_s [\text{Hz}]$ 이고, $f = \dfrac{P}{2} \dfrac{N_s}{60}$ 에서 $N_s = \dfrac{120f}{P} [\text{rpm}]$ 이 되며 이 회전수를 동기속도라고 한다.

(18) 단절권

극간격보다 코일간격이 짧다.

(19) 분포권

매극 매상의 코일은 2개 이상의 슬롯으로 분산하여 감으며 이것을 분포권이라고 한다.

(20) 동기기 돌발단락 현상(최초 돌발단락전류)

일정전압을 유도하고 있는 발전기의 3단자를 갑자기 단락하면 큰 돌발단락전류가 흐른 후 점점 감쇠하여 몇 초 뒤에는 지속단락전류의 값이 된다.

필기 NOTE !

(21) 자기여자현상 원인

동기발전기에 콘덴서와 같은 진상전류가 전기자권선에 흐르게 되면, 전기자전류에 의한 전기자 반작용은 자화작용이 된다. 이에 앞선 전류에 의해 전압이 점차 상승되는 현상을 동기 발전기의 자기여자작용(Self Excitation)이라 한다.

(22) 난 조

부하의 급변, 조속기가 너무 예민하거나, 송전계통 이상 현상, 계자에 고조파가 유기될 때 발전기 회전자가 동기속도를 찾지 못하고 심하게 진동하게 되어 차후 탈조가 일어나는 이러한 현상

(23) 전압비

변압기의 1차 권선 및 2차 권선에 유도되는 기전력의 비는 그 권수의 비와 같다.

(24) 등가회로

변압기에 사용되고 있는 실제의 전기회로는 전자 유도작용에 의해 결합된 2개의 독립 회로가 되고 1차측에서 2차측으로 전력이 전달되는 것이나 이와 같은 모든 전기적인 양들을 수량으로 취급하기 위해서는 단일회로로 취급하는 것이 편리하므로, 간단한 등가회로로 나타낸다.

필기 NOTE /

(25) 무부하손

무부하손은 2차 권선을 개방하고, 1차 단자에 정격전압을 가한 경우에 생기는 손실이며, 철손이나 여자전류에 의한 권선의 저항손 및 절연물 안에서 일어나는 유전체손을 포함하고 있다.

(26) 실제 변압기

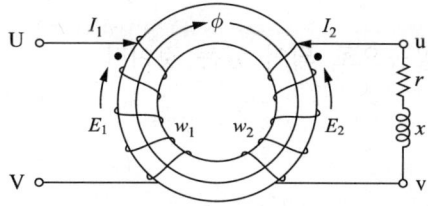

$$\text{권수비} \ \ a = \frac{W_1}{W_2} = \frac{E_1}{E_2} = \frac{I_2}{I_1} = \sqrt{\frac{Z_1}{Z_2}}$$

필기 NOTE !

(27) 단권 변압기

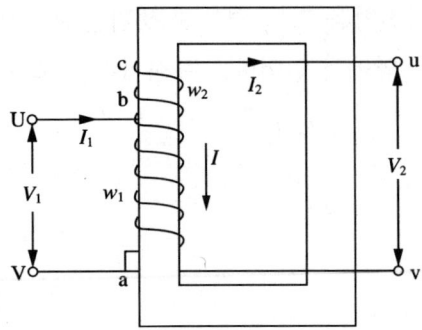

단권 변압기는 1차 권선과 2차 권선의 일부가 공통으로 되어 있는 것이다.

(28) 3권선 변압기

1대의 변압기의 철심에 3개의 권선이 감겨진 변압기

필기 NOTE !

(29) 변압기 보호계전기 및 측정

① 변압기 내부고장 검출용 보호계전기
　㉠ 차동계전기(비율차동계전기) : 단락이나 접지(지락) 사고 시 전류의 변화로 동작
　㉡ 부흐홀츠계전기 : 변압기 내부고장 시 동작, 설치 위치 : 주탱크와 컨서베이터 중간
　㉢ 압력계전기
　㉣ 가스검출계전기

② 변압기 권선온도 측정 : 열동계전기

③ 변압기 온도시험
　㉠ 실부하법 : 전력손실이 크기 때문에 소용량 이외의 경우에는 적용되지 않는다.
　㉡ 반환 부하법 : 동일 정격의 변압기가 2대 이상 있을 경우에 채용되며 전력소비가 작고 철손과 동손을 따로 공급하는 것으로 현재 가장 많이 사용하고 있다.

필기 NOTE /

CHAPTER 06 회로이론 및 제어공학

(1) 회로이론의 개요(직류)

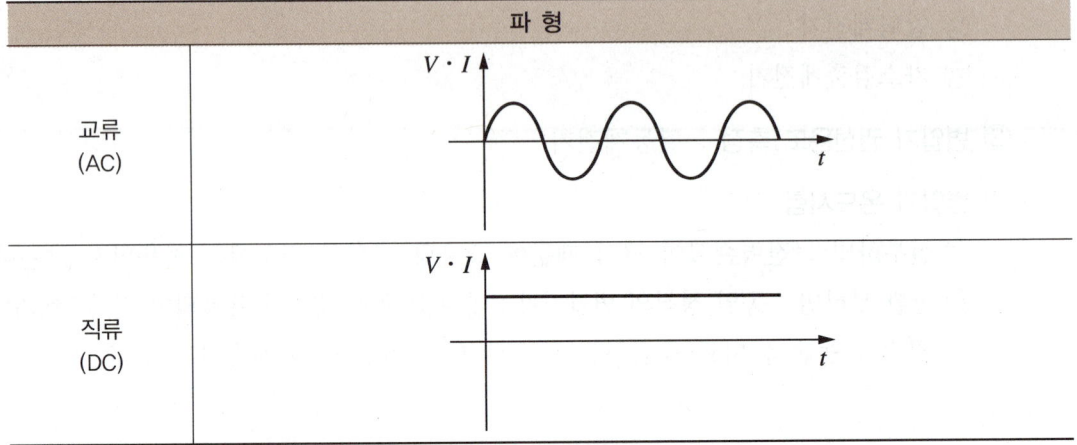

	손 실	절연비용	주파수	차 단	승압(강압)
교 류	크다.	크다.	있다.	쉽다.	쉽다.
직 류	작다.	작다.	없다.	어렵다.	어렵다.

필기 NOTE /

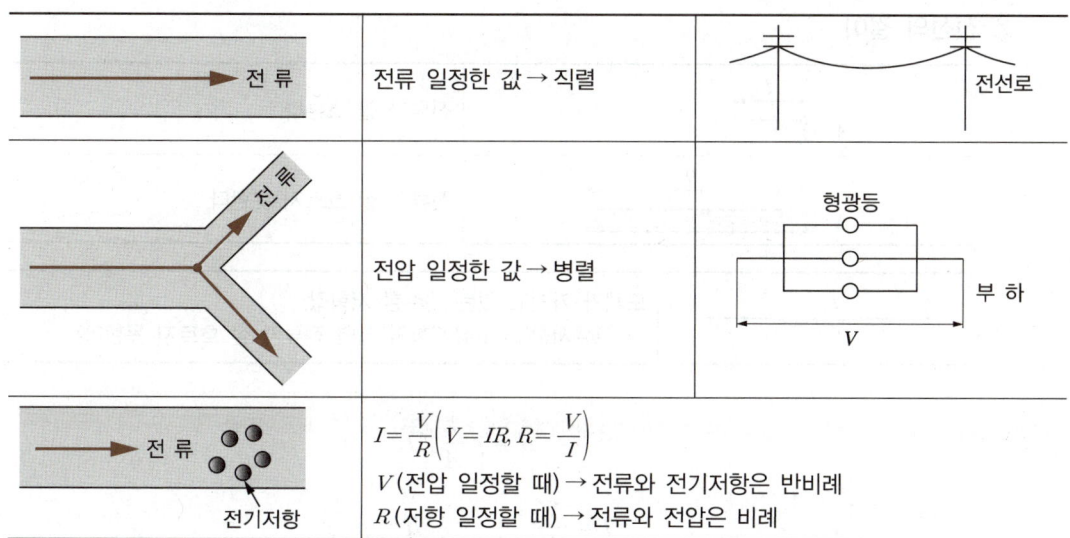

① 전선의 단면적

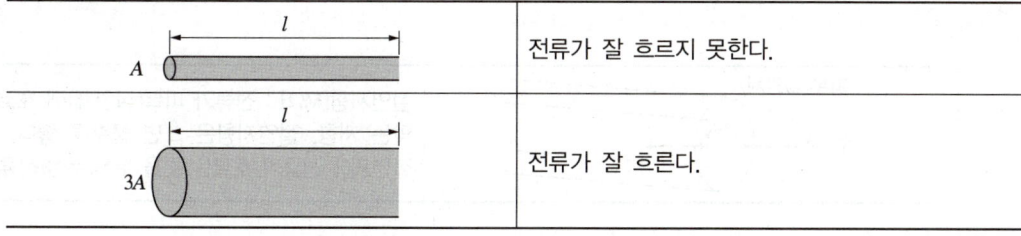

A, 길이 l	전류가 잘 흐르지 못한다.
$3A$, 길이 l	전류가 잘 흐른다.

필기 NOTE !

② 전선의 길이

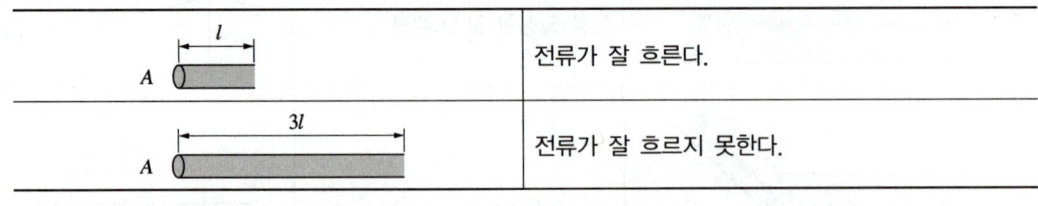	전류가 잘 흐른다.
	전류가 잘 흐르지 못한다.
I →	도체가 가지고 있는 순수한 저항값 → 고유저항(ρ)(고유저항이 크면 전류가 잘 흐르지 못한다)

$$R = \rho \frac{l}{A} [\Omega]$$

$$I = \frac{V}{R} \qquad R = \rho \frac{l}{A}$$

(ρ : 고유저항, l : 길이, A : 단면적)

전기저항은 작으면 작을수록 전류가 잘 통한다.

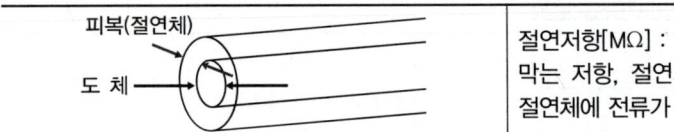	절연저항[MΩ] : 전류가 피복(절연체)에 흐르는 것을 막는 저항, 절연저항은 크면 클수록 좋다. 절연체에 전류가 흐르는 것을 누전(누설)전류라 한다.

필기 NOTE !

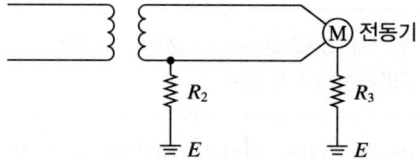

전동기 외함(기계기구)에 접지선을 대지에 접속 → 접지저항
접지저항은 작으면 작을수록 좋다.

I	전류	[A](암페어)	P_a	피상전력	[VA](볼트암페어)
V	전압	[V](볼트)	P	유효전력	[W](와트)
Z	임피던스	[Ω](옴)	P_r	무효전력	[Var](바)
Y	어드미턴스	[℧](모)	Q	전기량(전하량)	[C](쿨롬)
R	저항	[Ω]	X_L	유도성 리액턴스	[Ω]
G	컨덕턴스	[℧]	X_C	용량성 리액턴스	[Ω]
X	리액턴스	[Ω]	L	인덕턴스	[H](헨리)
B	서셉턴스	[℧]	C	정전용량	[F](패럿)
			M	상호인덕턴스	[H]
			ϕ	자속	[Wb](웨버)

필기 NOTE !

$Z=R+jX$	$Z=\dfrac{1}{Y}$	$Y=\dfrac{1}{Z}$	여기서, Z(임피던스) : 피상분, R(저항) : 유효분, X (리액턴스) : 무효분
$Y=G+jB$	$R=\dfrac{1}{G}$	$G=\dfrac{1}{R}$	여기서, Y(어드미턴스) : 피상분, G(컨덕턴스) : 유효분, B(서셉턴스) : 무효분
	$X=\dfrac{1}{B}$	$B=\dfrac{1}{X}$	

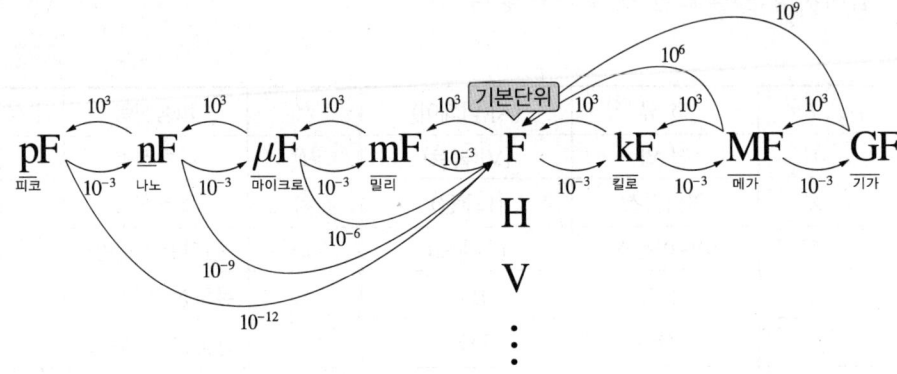

(2) 공식(옴, 전하량, 일)

$\dfrac{1}{G} = R$	$\dfrac{1}{R} = G$
$I = \dfrac{V}{R}$	$I = GV$
$V = IR$	$V = \dfrac{I}{G}$
$R = \dfrac{V}{I}$	$G = \dfrac{I}{V}$
$Q = It$ [C] = [A·s]	$I = \dfrac{Q}{t}$ [A] = [C/s]
$Q = CV$ [C] = [F·V]	$C = \dfrac{Q}{V}$ [F] = [C/V]
$W = VQ$ 일[J] = [V·C]	$V = \dfrac{W}{Q}$ [V] = [J/C]
$W = Pt$ 일[J] = [W·s]	$P = \dfrac{W}{t}$ [W] = [J/s]

필기 NOTE !

(3) 직 류

① 전 력

$$P[\text{W}] = VI = I^2 R = \frac{V^2}{R}$$

② 전력량

$$W[\text{J} = \text{W} \cdot \text{s}] = Pt = VIt = I^2 Rt = \frac{V^2}{R} t$$

③ 열 량

$$H[\text{cal}] = 0.24W = 0.24Pt = 0.24VIt = 0.24I^2 Rt = 0.24\frac{V^2}{R} t$$

※ 1[J] = 0.24[cal], 1[cal] = 4.2[J]

필기 NOTE !

(4) 저항의 직·병렬

① 직렬접속

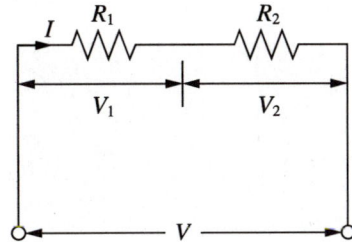

㉠ 직렬연결 : 전류는 각 저항에 일정하게 흐른다.
$$V = V_1 + V_2 [\text{V}] = IR_1 + IR_2 = I(R_1 + R_2)$$

㉡ 합성저항
- $R_0 = R_1 + R_2 [\Omega]$
- $R_0 = R_1 + R_2 + R_3 + \cdots + R_n$

㉢ 전체에 흐르는 전류(전전류)
$$I = \frac{V}{R_0} = \frac{V}{R_1 + R_2}$$

㉣ 전압분배 법칙
- $V_1 = IR_1 = \dfrac{V}{R_1 + R_2} \times R_1 = \dfrac{R_1}{R_1 + R_2} V$
- $V_2 = IR_2 = \dfrac{V}{R_1 + R_2} \times R_2 = \dfrac{R_2}{R_1 + R_2} V$

필기 NOTE !

② 병렬접속

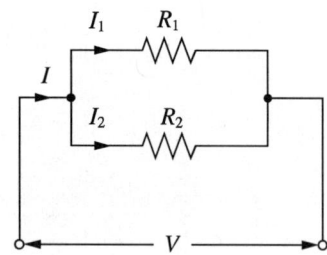

㉠ 병렬접속 : 전압은 각 저항에 일정하다.
- $I = I_1 + I_2 = \dfrac{V}{R_1} + \dfrac{V}{R_2} = V\left(\dfrac{1}{R_1} + \dfrac{1}{R_2}\right)$
- $V = I \times \dfrac{1}{\dfrac{1}{R_1} + \dfrac{1}{R_2}} = I \times \dfrac{R_1 R_2}{R_1 + R_2}$

㉡ 합성저항
- $R_0 = \dfrac{R_1 R_2}{R_1 + R_2}\,[\Omega]$
- $R_0 = \dfrac{1}{\dfrac{1}{R_1} + \dfrac{1}{R_2} + \dfrac{1}{R_3} + \cdots}$

㉢ 전체에 걸린 전압(전전압) : $V = R_0 I = \dfrac{R_1 R_2}{R_1 + R_2} I\,[\text{V}]$

㉣ 전류분배 법칙
- $I_1 = \dfrac{V}{R_1} = \dfrac{1}{R_1} \times \dfrac{R_1 R_2}{R_1 + R_2} I = \dfrac{R_2}{R_1 + R_2} I$
- $I_2 = \dfrac{V}{R_2} = \dfrac{1}{R_2} \times \dfrac{R_1 R_2}{R_1 + R_2} I = \dfrac{R_1}{R_1 + R_2} I$

필기 NOTE !

(5) 컨덕턴스의 직·병렬

① 직렬접속

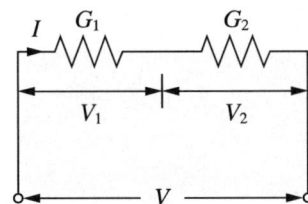

㉠ 직렬연결 : 전류는 각 컨덕턴스에 일정하게 흐른다.

- $V = V_1 + V_2 = \dfrac{I}{G_1} + \dfrac{I}{G_2} = I \times \left(\dfrac{1}{G_1} + \dfrac{1}{G_2} \right)$ [V]

- $I = \dfrac{V}{\dfrac{1}{G_1} + \dfrac{1}{G_2}} = \dfrac{G_1 G_2}{G_1 + G_2} \times V$

㉡ 합성컨덕턴스

$G_0 = \dfrac{G_1 G_2}{G_1 + G_2}$

㉢ 전체에 흐르는 전류(전전류)

$I = G_0 V = \dfrac{G_1 G_2}{G_1 + G_2} V$

㉣ 전압분배

- $V_1 = \dfrac{I}{G_1} = \dfrac{1}{G_1} \times \dfrac{G_1 G_2}{G_1 + G_2} V = \dfrac{G_2}{G_1 + G_2} V$

- $V_2 = \dfrac{I}{G_2} = \dfrac{1}{G_2} \times \dfrac{G_1 G_2}{G_1 + G_2} V = \dfrac{G_1}{G_1 + G_2} V$

필기 NOTE !

② 병렬접속

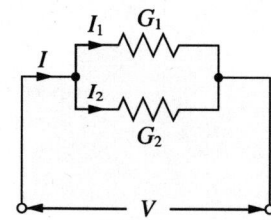

㉠ 병렬연결 : 전압은 각 컨덕턴스에 일정하다.
- $I = I_1 + I_2 = G_1 V + G_2 V = (G_1 + G_2)V [\text{A}]$
- $V = \dfrac{I}{G_1 + G_2}$

㉡ 합성컨덕턴스
$G_0 = G_1 + G_2 [\mho]$

㉢ 전체에 걸리는 전압(전전압)
$V = \dfrac{I}{G_0} = \dfrac{I}{G_1 + G_2} [\text{V}]$

㉣ 전류분배
- $I_1 = G_1 V = G_1 \times \dfrac{I}{G_1 + G_2} = \dfrac{G_1}{G_1 + G_2} I$
- $I_2 = G_2 V = G_2 \times \dfrac{I}{G_1 + G_2} = \dfrac{G_2}{G_1 + G_2} I$

필기 NOTE !

(6) 정전용량의 직·병렬

① 직렬접속

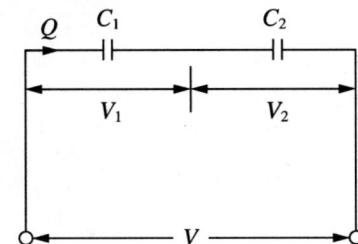

㉠ 직렬연결 : 전하량은 각 정전용량에 일정하게 흐른다.

- $V = V_1 + V_2 = \dfrac{Q}{C_1} + \dfrac{Q}{C_2} = Q \times \left(\dfrac{1}{C_1} + \dfrac{1}{C_2}\right)[\text{V}]$

- $Q = \dfrac{V}{\dfrac{1}{C_1} + \dfrac{1}{C_2}} = \dfrac{C_1 C_2}{C_1 + C_2} V$

㉡ 합성정전용량

$C_0 = \dfrac{C_1 C_2}{C_1 + C_2}$

㉢ 전체에 흐르는 전하량

$Q = C_0 V = \dfrac{C_1 C_2}{C_1 + C_2} V$

필기 NOTE !

ㄹ 전압분배

- $V_1 = \dfrac{Q}{C_1} = \dfrac{1}{C_1} \times \dfrac{C_1 C_2}{C_1 + C_2} V = \dfrac{C_2}{C_1 + C_2} V$

- $V_2 = \dfrac{Q}{C_2} = \dfrac{1}{C_2} \times \dfrac{C_1 C_2}{C_1 + C_2} V = \dfrac{C_1}{C_1 + C_2} V$

② 병렬접속

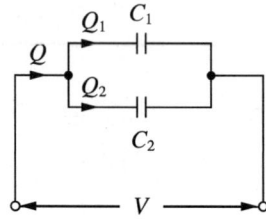

㉠ 병렬연결 : 전압은 각 정전용량에 일정하다.

- $Q = Q_1 + Q_2 = C_1 V + C_2 V = (C_1 + C_2) V [C]$

- $V = \dfrac{Q}{C_1 + C_2}$

㉡ 합성정전용량

$C_0 = C_1 + C_2$

㉢ 전체에 걸리는 전압

$V = \dfrac{Q}{C_0} = \dfrac{Q}{C_1 + C_2}$

㉣ 전하량분배

- $Q_1 = C_1 V = C_1 \times \dfrac{Q}{C_1 + C_2} = \dfrac{C_1}{C_1 + C_2} Q$

- $Q_2 = C_2 V = C_2 \times \dfrac{Q}{C_1 + C_2} = \dfrac{C_2}{C_1 + C_2} Q$

필기 NOTE !

R 직렬	R 병렬	G 직렬	G 병렬
$R_0 = R_1 + R_2 + \cdots$	$R_0 = \dfrac{1}{\dfrac{1}{R_1} + \dfrac{1}{R_2} + \cdots}$	$G_0 = \dfrac{1}{\dfrac{1}{G_1} + \dfrac{1}{G_2} + \cdots}$	$G_0 = G_1 + G_2 + \cdots$
	$R_0 = \dfrac{R_1 R_2}{R_1 + R_2}$	$G_0 = \dfrac{G_1 G_2}{G_1 + G_2}$	
$R_0 = RN$	$R_0 = \dfrac{R}{N}$	$G_0 = \dfrac{G}{N}$	$G_0 = GN$
$V_1 = \dfrac{R_1}{R_1 + R_2} V$	$I_1 = \dfrac{R_2}{R_1 + R_2} I$	$V_1 = \dfrac{G_2}{G_1 + G_2} V$	$I_1 = \dfrac{G_1}{G_1 + G_2} I$
$V_2 = \dfrac{R_2}{R_1 + R_2} V$	$I_2 = \dfrac{R_1}{R_1 + R_2} I$	$V_2 = \dfrac{G_1}{G_1 + G_2} V$	$I_2 = \dfrac{G_2}{G_1 + G_2} I$

C 직렬	C 병렬
$C_0 = \dfrac{1}{\dfrac{1}{C_1} + \dfrac{1}{C_2} + \cdots}$	$C_0 = C_1 + C_2 + \cdots$
$C_0 = \dfrac{C_1 C_2}{C_1 + C_2}$	
$C_0 = \dfrac{C}{N}$	$C_0 = CN$
$V_1 = \dfrac{C_2}{C_1 + C_2} V$	$Q_1 = \dfrac{C_1}{C_1 + C_2} Q$
$V_2 = \dfrac{C_1}{C_1 + C_2} V$	$Q_2 = \dfrac{C_2}{C_1 + C_2} Q$

필기 NOTE !

(7) 건전지의 직·병렬

① 전기의 기전력

㉠ 내부저항이 있는 전지의 연결

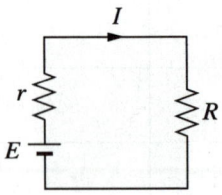

- $E = I \cdot (r+R) = I \cdot r + I \cdot R = I \cdot r + V$
- $I = \dfrac{E-V}{r}$

㉡ 전지의 직렬연결(n개)

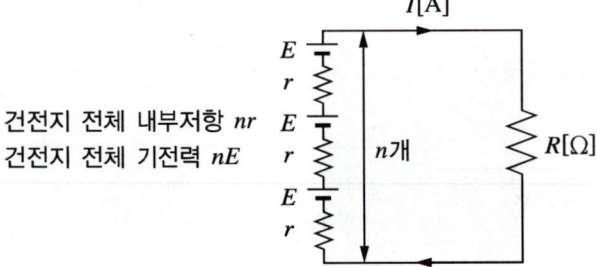

- 기전력은 n배 증가
- $I = \dfrac{nE}{nr+R}$[A]
- 부하저항과 내부저항이 같을 때 최대 전력 조건

필기 NOTE !

ⓒ 전지의 병렬연결(m개)

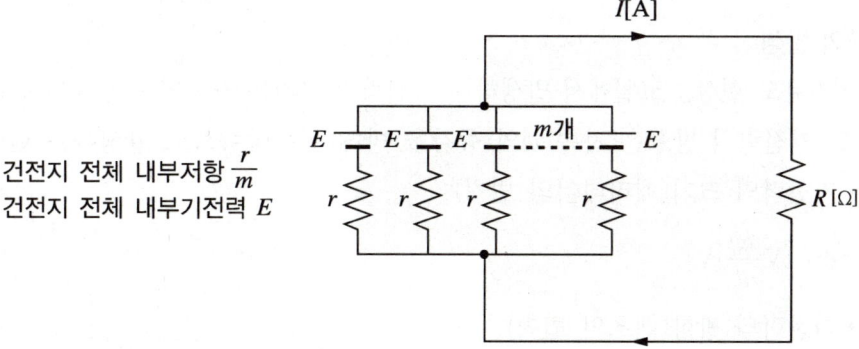

건전지 전체 내부저항 $\dfrac{r}{m}$
건전지 전체 내부기전력 E

- 기전력은 일정
- $I = \dfrac{E}{\dfrac{r}{m}+R}$ [A]

㉣ 전지의 직렬(n개), 병렬(m개) 연결

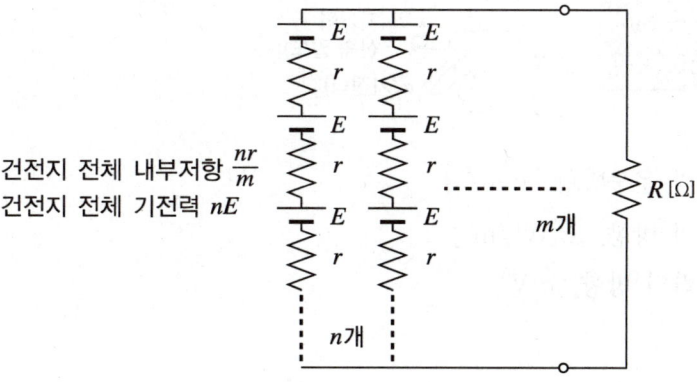

건전지 전체 내부저항 $\dfrac{nr}{m}$
건전지 전체 기전력 nE

$I = \dfrac{nE}{\dfrac{n}{m}r+R}$ [A]

필기 NOTE !

(8) 정현파 교류

① 교류의 발생

㉠ 전자유도 현상 : 코일에서 발생하는 기전력의 크기는 자속의 시간적인 변화에 비례하고 기전력의 방향은 자속 ϕ의 증감을 방해하는 방향으로 발생하는 현상

- 기전력의 크기(패러데이의 법칙)

$$e = N\frac{d\phi}{dt}[\text{V}]$$

- 기전력의 방향(렌츠의 법칙)

$$e = -N\frac{d\phi}{dt}[\text{V}]$$

㉡ 발전기에서 발생하는 기전력

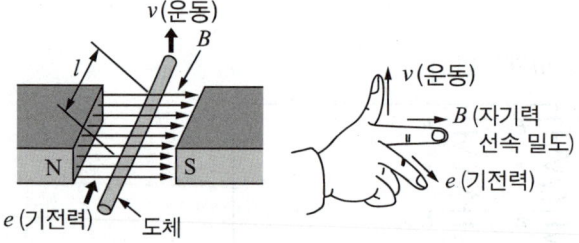

- 엄지 : 도체의 운동방향, $v[\text{m/s}]$
- 검지 : 자장의 방향, $B[\text{Wb/m}^2]$
- 중지 : 기전력의 방향, $e[\text{V}]$

필기 NOTE /

ⓒ 교류의 발생

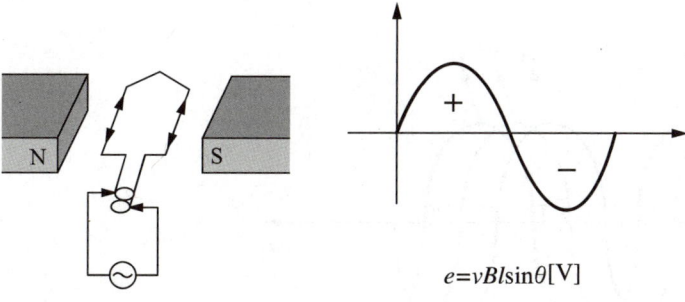

$v(t) = V_m \sin\omega t [\text{V}]$

$i(t) = I_m \sin\omega t [\text{A}]$

- 주기($T[\text{s}]$) : 1사이클(Cycle) 도는 데 필요한 시간
- 주파수($f[\text{Hz}]$) : 1초 동안에 만들어지는 사이클의 수

  $f = \dfrac{1}{T}[\text{Hz}], \ T = \dfrac{1}{f}[\text{s}]$

- 각주파수(ω) : 1초 동안의 각의 변화율

  $\omega = 2\pi f = \dfrac{2\pi}{T}[\text{rad/s}]$

필기 NOTE !

- 위상차

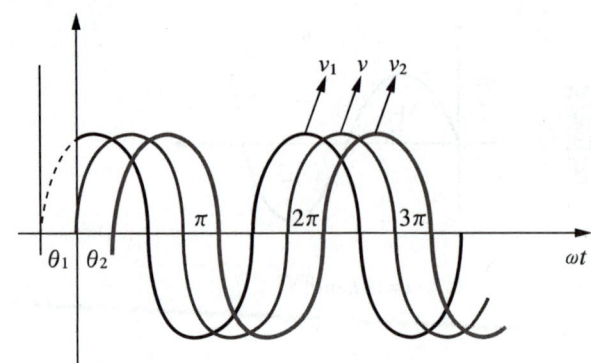

$$v = V_m \sin \omega t$$
$$v_1 = V_m \sin(\omega t + \theta_1)$$
$$v_2 = V_m \sin(\omega t - \theta_2)$$

② 정현파 교류

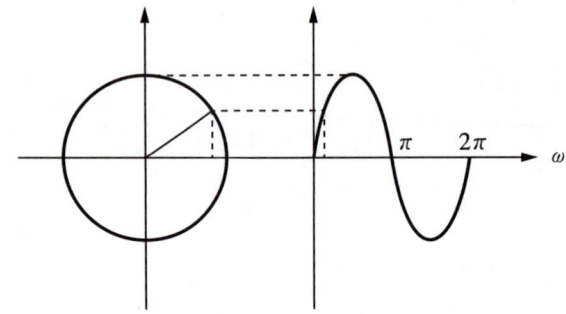

필기 NOTE !

㉠ 정현파 교류의 실횻값(교류의 크기)
- 같은 저항에서 일정 시간 동안 각각 직류와 교류를 흘렸을 때 저항에서 발생하는 열량이 같아지는 순간의 교류를 직류로 환산한 값
- $I^2RT = \int_0^T i^2 R dt \rightarrow I^2 = \frac{1}{T}\int_0^T i^2 dt$
- $I = \sqrt{\frac{1}{T}\int_0^T i^2 dt} = \sqrt{1주기\ 동안의\ i^2의\ 평균} = \frac{I_m}{\sqrt{2}} = 0.707 I_m [A]$

㉡ 정현파 교류의 평균값(직류의 크기)

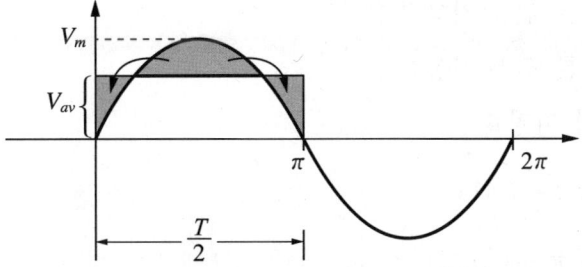

- 한 주기 동안의 면적에 대한 평균값 - 가동 코일형 계기값
- $I_{av} = \frac{1}{T}\int_0^T |i(t)| dt = \frac{1}{\frac{T}{2}}\int_0^{\frac{T}{2}} i(t) dt = \frac{2}{\pi} I_m = 0.637 I_m [A]$

필기 NOTE !

ⓒ 정현파 교류의 순시값(교류의 파형)

교류 파형에서 임의의 순간에서의 전류, 전압의 크기

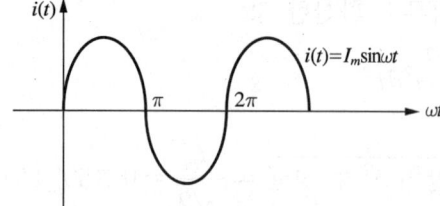

- $i(t) = I_m \sin \omega t \, [\text{A}]$
- $i = I_m \sin(\omega t - \theta)$, 늦은 전류(지상전류)
- $i = I_m \sin(\omega t + \theta)$, 빠른 전류(진상전류)

ⓔ 정현파 교류의 파고율과 파형률

- 파고율 $= \dfrac{\text{최댓값}}{\text{실횻값}} = \sqrt{2} = 1.414$
- 파형률 $= \dfrac{\text{실횻값}}{\text{평균값}} = \dfrac{\pi}{2\sqrt{2}} = 1.11$

필기 NOTE /

③ 각 파형별 데이터값

파 형	실횻값	평균값	파고율	파형률
전파 정류(현)파　　$i(t)=I_m\sin\omega t$	$\dfrac{\text{최댓값}}{\sqrt{2}}$	$\dfrac{2}{\pi}$ 최댓값	$\sqrt{2}$	$\dfrac{\pi}{2\sqrt{2}}$
반파 정류(현)파　　$i(t)=I_m\sin\omega t$	$\dfrac{\text{최댓값}}{2}$	$\dfrac{1}{\pi}$ 최댓값	2	$\dfrac{\pi}{2}$
구형파	최댓값	최댓값	1	1
반파 구형파	$\dfrac{\text{최댓값}}{\sqrt{2}}$	$\dfrac{1}{2}$ 최댓값	$\sqrt{2}$	$\dfrac{2}{\sqrt{2}}=\sqrt{2}$

필기 NOTE !

파 형	실횻값	평균값	파고율	파형률
톱니파 · 삼각파 $i(t) = \dfrac{I_m}{\pi}\omega t$	$\dfrac{\text{최댓값}}{\sqrt{3}}$	$\dfrac{1}{2}$ 최댓값	$\sqrt{3}$	$\dfrac{2}{\sqrt{3}}$

필기 NOTE !

④ 교류의 벡터 표시법과 계산
  ㉠ 벡터 표시 방법
  - 복소수법 : $\dot{A} = a + jb$
  - 극형식법 : $\dot{A} = A \angle \theta = \sqrt{a^2 + b^2} \angle \tan^{-1} \dfrac{b}{a}$
  - 삼각함수법 : $\dot{A} = A\cos\theta + jA\sin\theta = A(\cos\theta + j\sin\theta)$
  - 지수함수법 : $\dot{A} = Ae^{j\theta} = Ae^{j\omega t}$

  예) $v = 141.4\sin(\omega t + 30°)$

  - 극형식법 $V \angle \theta = \dfrac{141.4}{\sqrt{2}} \angle 30° ≒ 100 \angle 30° = 50\sqrt{3} + j50$
  - 삼각함수법 $\dot{V} = V\cos\theta + j\sin\theta = V(\cos\theta + j\sin\theta)$
    $\qquad\qquad = 100(\cos 30° + j\sin 30°) = 50\sqrt{3} + j50$
  - 지수함수법 $\dot{V} = Ve^{j\theta} = Ve^{j\omega t} = 100e^{j30}$

  ㉡ 벡터의 계산
  $A \angle \theta_1 = A\cos\theta_1 + jA\sin\theta_1 = B\cos\theta_2 + jB\sin\theta_2$ 일 때
  - 곱셈 : $A \angle \theta_1 \times B \angle \theta_2 = AB \angle \theta_1 + \theta_2$
  - 나눗셈 : $\dfrac{A \angle \theta_1}{B \angle \theta_2} = \dfrac{A}{B} \angle \theta_1 - \theta_2$
  - 덧셈 : $A \angle \theta_1 + B \angle \theta_2 = \sqrt{A^2 + B^2 + 2AB\cos(\theta_1 - \theta_2)}$

필기 NOTE !

예) $A = 100\angle 30°$, $B = 50\angle 60°$

$A \cdot B = 100\angle 30° \times 50\angle 60° = j5,000$

$A \cdot B = 100 \times 50 \angle 60° + 30° = 5,000\angle 90° = j5,000$

$\dfrac{A}{B} = \dfrac{100\angle 30°}{50\angle 60°} = 1.732 - j$

$\dfrac{A}{B} = \dfrac{100}{50} \angle 30° - 60° = 2\angle -30° = 1.732 - j$

(9) 기본 교류회로

$R[\Omega]$	저 항
$L[\mathrm{H}]$	유도성 리액턴스 $X_L[\Omega] = j\omega L = j2\pi f L$ → 벡터(크기 + 방향) $X_L[\Omega] = \omega L = 2\pi f L$ → 스칼라(크기)
$C[\mathrm{F}]$	용량성 리액턴스 $X_C[\Omega] = \dfrac{1}{j\omega C} = -j\dfrac{1}{\omega C} = \dfrac{1}{j2\pi fC} = -j\dfrac{1}{2\pi fC}$ → 벡터(크기 + 방향) $X_C[\Omega] = \dfrac{1}{\omega C} = \dfrac{1}{2\pi fC}$ → 스칼라(크기)

필기 NOTE !

R	유효분	
X (리액턴스)	X_L	무효분
	X_C	

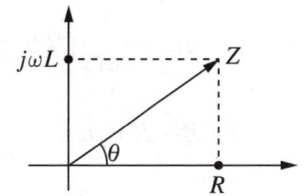

$$Z = R + jX_L = R + j\omega L = \sqrt{R^2 + (\omega L)^2}$$
   (벡터)   (스칼라)

여기서, Z : 임피던스(피상분)
　　　　R : 저항(유효분)
　　　　jX_L : 유도성 리액턴스(무효분)

$$\theta = \tan^{-1}\frac{\omega L}{R}$$

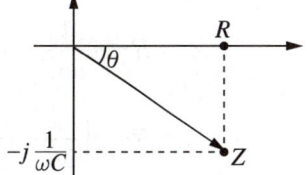

$$Z = R - jX_C = R - j\frac{1}{\omega C} \text{(벡터)}$$
$$= \sqrt{R^2 + \left(\frac{1}{\omega C}\right)^2} \text{(스칼라)}$$

$$\theta = -\tan^{-1}\frac{\frac{1}{\omega C}}{R} = -\tan^{-1}\frac{1}{\omega CR}$$

필기 NOTE !

$\omega L > \dfrac{1}{\omega C}$ (유도성)

$Z = R + j\omega L + \dfrac{1}{j\omega C} = R + j\omega L - j\dfrac{1}{\omega C}$

$ = R + j\left(\omega L - \dfrac{1}{\omega C}\right) \to$ 벡터(크기 + 방향)

$X = X_L - X_C = \omega L - \dfrac{1}{\omega C} = \sqrt{R^2 + \left(\omega L - \dfrac{1}{\omega C}\right)^2} \to$ 스칼라(크기)

$\theta = \tan^{-1}\dfrac{\omega L - \dfrac{1}{\omega C}}{R}$

$\omega L < \dfrac{1}{\omega C}$ (용량성)

$Z = R - j\dfrac{1}{\omega C} + j\omega L$

$ = R - j\left(\dfrac{1}{\omega C} - \omega L\right) \to$ 벡터(크기 + 방향)

$ = \sqrt{R^2 + \left(\dfrac{1}{\omega C} - \omega L\right)^2} \to$ 스칼라(크기)

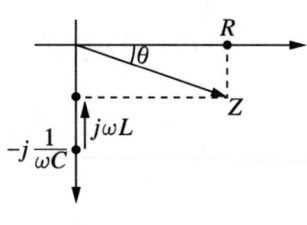

필기 NOTE !

① 단일 소자회로
　㉠ R만의 회로

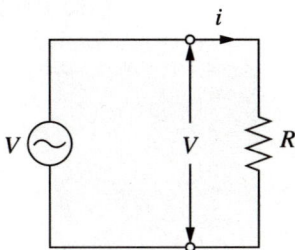

- $V = V_m \sin\omega t$
- $Z = R$
- $i(순시값) = \dfrac{V}{Z} = \dfrac{V_m \sin\omega t}{R}$
- 전류와 전압이 동상(R만의 회로, 무유도성, 0°, $\cos\theta = 1$, 전등부하, 직류, 동상)
- $I(실횻값) = \dfrac{V}{Z} = \dfrac{\frac{V_m}{\sqrt{2}}}{R} = \dfrac{V_m}{\sqrt{2}\,R}$

필기 NOTE !

ⓛ L만의 회로

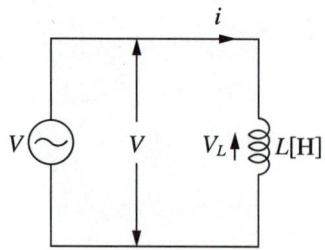

- $V = V_m \sin\omega t$
- $Z = X_L \begin{cases} j\omega L \to 벡터(순시값) \\ \omega L \to 스칼라(실횻값) \end{cases}$
- $i(순시값) = \dfrac{V}{Z} = \dfrac{V_m}{j\omega L}\sin\omega t = -j\dfrac{V_m}{\omega L}\sin\omega t$
- $i = \dfrac{V_m}{\omega L}\sin(\omega t - 90°)$
- 전류가 전압보다 90° 늦다(뒤진다, 지상).
- $I(실횻값) = \dfrac{V}{Z} = \dfrac{\left(\dfrac{V_m}{\sqrt{2}}\right)}{\omega L} = \dfrac{V_m}{\sqrt{2}\,\omega L} = \dfrac{V_m}{\sqrt{2}\,2\pi f L}$

필기 NOTE !

ⓒ C만의 회로

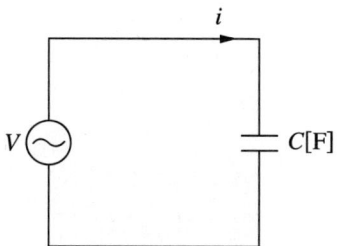

- $V = V_m \sin\omega t$

- $Z = X_C \begin{cases} \dfrac{1}{j\omega C} \rightarrow 벡터(순시값) \\ \dfrac{1}{\omega C} \rightarrow 스칼라(실횻값) \end{cases}$

- $i\,(순시값) = \dfrac{V}{Z} = \dfrac{V_m}{\dfrac{1}{j\omega C}}\sin\omega t$

- $i = j\omega C V_m \sin\omega t$

- $i = \omega C V_m \sin(\omega t + 90°)$

- 전류가 전압보다 90° 앞선다(빠르다, 진상).

- $I\,(실횻값) = \dfrac{V}{Z} = \dfrac{\dfrac{V_m}{\sqrt{2}}}{\dfrac{1}{\omega C}} = \dfrac{\omega C V_m}{\sqrt{2}}\,[\mathrm{A}]$

필기 NOTE !

② R, L 직렬

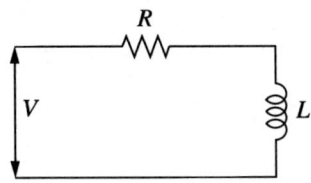

㉠ $Z = R + j\omega L = \sqrt{R^2 + (\omega L)^2}$

㉡ $I = \dfrac{V}{Z} = \dfrac{V}{\sqrt{R^2 + (\omega L)^2}}[\text{A}] = \dfrac{V}{\sqrt{R^2 + (2\pi f L)^2}}[\text{A}]$

㉢ $\cos\theta = \dfrac{\text{유효분}}{\text{피상분}} \times 100 = \dfrac{R}{\sqrt{R^2 + (\omega L)^2}} \times 100$

㉣ $\sin\theta = \dfrac{\text{무효분}}{\text{피상분}} \times 100 = \dfrac{\omega L}{\sqrt{R^2 + (\omega L)^2}} \times 100$

③ R, C 직렬

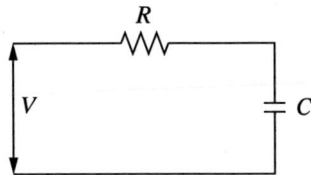

㉠ $Z = R + \dfrac{1}{j\omega C} = \sqrt{R^2 + \left(\dfrac{1}{\omega C}\right)^2}$

㉡ $I = \dfrac{V}{Z} = \dfrac{V}{\sqrt{R^2 + \left(\dfrac{1}{\omega C}\right)^2}}[\text{A}] = \dfrac{V}{\sqrt{R^2 + \left(\dfrac{1}{2\pi f C}\right)^2}}[\text{A}]$

㉢ $\cos\theta = \dfrac{\text{유효분}}{\text{피상분}} \times 100 = \dfrac{R}{\sqrt{R^2 + \left(\dfrac{1}{\omega C}\right)^2}} \times 100$

필기 NOTE !

㉹ $\sin\theta = \dfrac{무효분}{피상분} \times 100 = \dfrac{\dfrac{1}{\omega C}}{\sqrt{R^2 + \left(\dfrac{1}{\omega C}\right)^2}} \times 100$

④ R, L, C 직렬

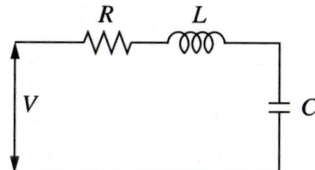

㉠ $Z = R + j\omega L - j\dfrac{1}{\omega C} = R + j\left(\omega L - \dfrac{1}{\omega C}\right) = \sqrt{R^2 + \left(\omega L - \dfrac{1}{\omega C}\right)^2}$

㉡ $I = \dfrac{V}{Z} = \dfrac{V}{\sqrt{R^2 + \left(\omega L - \dfrac{1}{\omega C}\right)^2}}$ [A]

㉢ $\cos\theta = \dfrac{유효분}{피상분} \times 100 = \dfrac{R}{\sqrt{R^2 + \left(\omega L - \dfrac{1}{\omega C}\right)^2}} \times 100$

㉹ $\sin\theta = \dfrac{무효분}{피상분} \times 100 = \dfrac{\omega L - \dfrac{1}{\omega C}}{\sqrt{R^2 + \left(\omega L - \dfrac{1}{\omega C}\right)^2}} \times 100 (유도성)$

또는 $\dfrac{\dfrac{1}{\omega C} - \omega L}{\sqrt{R^2 + \left(\omega L - \dfrac{1}{\omega C}\right)^2}} \times 100 (용량성)$

필기 NOTE /

⑤ R, L, C 직렬 공진
　㉠ 직렬 공진 = 전압과 전류가 동상
　㉡ Z 최소, I 최대
　㉢ $\cos\theta = 1$
　㉣ 공진주파수$(f) = \dfrac{1}{2\pi\sqrt{LC}}$
　㉤ 첨예도$(Q) = \dfrac{1}{R}\sqrt{\dfrac{L}{C}}$
　※ R, L, C 병렬 공진
　　• 병렬 공진 = 전압과 전류가 동상
　　• Y 최소, I 최소
　　• $\cos\theta = 1$
　　• 공진주파수$(f) = \dfrac{1}{2\pi\sqrt{LC}}$
　　• 첨예도$(Q) = R\sqrt{\dfrac{C}{L}}$

필기 NOTE !

(10) 교류전력

① 회로소자에서의 전력

㉠ 피상전력(Apparent Power)[VA] : 교류의 부하 또는 전원의 용량을 표시하는 전력, 전원에서 공급되는 전력

$$P_a = VI = I^2 Z = \frac{V^2}{Z} = \overline{V}I = P \pm jP_r (+jP_r : 용량성, -jP_r : 유도성)$$
$$= \sqrt{P^2 + P_r^2}\,[\text{VA}]$$

㉡ 유효전력(Active Power)[W] : 전원에서 공급되어 부하에서 유효하게 이용되는 전력, 전원에서 부하로 실제 소비되는 전력(소비전력, 부하전력, 평균전력)

$$P = P_a \cos\theta = VI\cos\theta = \frac{1}{2} V_m I_m \cos\theta = I^2 R = \frac{V^2 R}{R^2 + X^2} = \sqrt{P_a^2 - P_r^2}\,[\text{W}]$$

㉢ 무효전력(Reactive Power) : 실제로는 일을 하지 않아 부하에서 전력으로 이용할 수 없는 전력

$$P_r = P_a \sin\theta = VI\sin\theta = \frac{1}{2} V_m I_m \sin\theta = I^2 X = \frac{V^2 X}{R^2 + X^2} = \sqrt{P_a^2 - P^2}\,[\text{Var}]$$

㉣ 역률(Power Factor) : 피상전력 중에서 유효전력으로 사용되는 비율

$$\cos\theta = \frac{P}{P_a} = \frac{VI\cos\theta}{VI}$$

- 역률 개선 : 부하의 역률을 1(100[%])에 가깝게 높이는 것

- 콘덴서의 용량 : $Q_c = P(\tan\theta_1 - \tan\theta_2) = P\left(\dfrac{\sin\theta_1}{\cos\theta_1} - \dfrac{\sin\theta_2}{\cos\theta_2}\right)$

$$= P\left(\frac{\sqrt{1-\cos^2\theta_1}}{\cos\theta_1} - \frac{\sqrt{1-\cos^2\theta_2}}{\cos\theta_2}\right)$$

여기서, P : 유효전력[kW], $\cos\theta_1$: 개선 전의 역률, $\cos\theta_2$: 개선 후의 역률

필기 NOTE !

② 최대전력 전송전력

㉠ 내부저항 r이 있는 직류회로

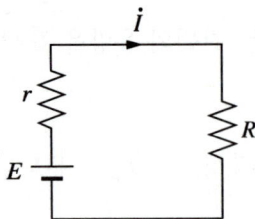

- 조건 : $r = R$

- 최대전력 : $P_{max} = \dfrac{E^2}{4R} = \dfrac{E^2}{4r}[\mathrm{W}]$

㉡ 입력측이 L 또는 C 만의 회로

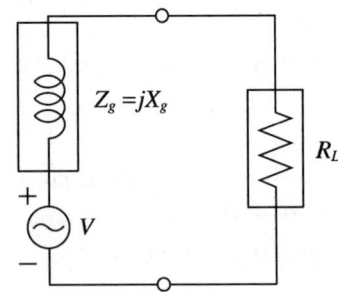

- 조건 : $R = X_C = \dfrac{1}{\omega C}$, $R = X_L = \omega L$

- 최대전력 : $P_{max} = \dfrac{V^2}{2X_L} = \dfrac{V^2}{2X_C}[\mathrm{W}]$

필기 NOTE /

ⓒ 교류회로

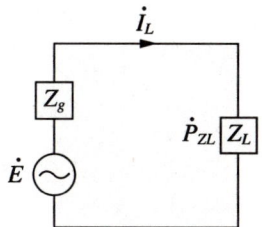

- 조건 : $Z_L = \overline{Z_g}$

- 최대전력 : $P_{\max} = \dfrac{V^2}{4R} = \dfrac{V^2}{4r}$ [W]

③ 이상적인 변압기

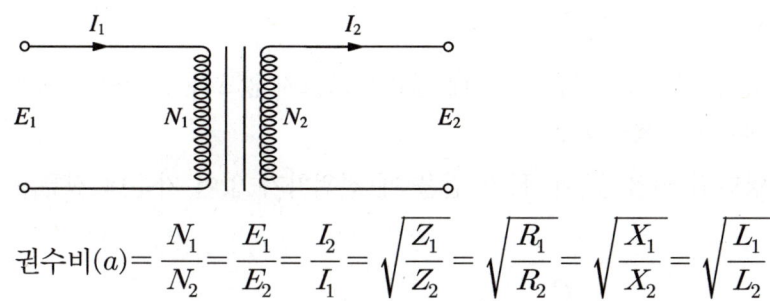

권수비$(a) = \dfrac{N_1}{N_2} = \dfrac{E_1}{E_2} = \dfrac{I_2}{I_1} = \sqrt{\dfrac{Z_1}{Z_2}} = \sqrt{\dfrac{R_1}{R_2}} = \sqrt{\dfrac{X_1}{X_2}} = \sqrt{\dfrac{L_1}{L_2}}$

필기 NOTE !

(11) 브리지회로(Bridge Circuit)

① 휘트스톤 브리지(Wheatstone Bridge)회로

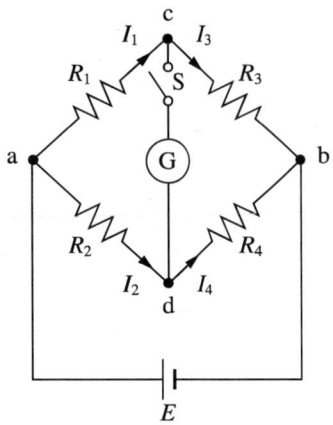

㉠ 목적 : 나머지 저항값을 조절하여 가운데 전류가 흐르지 않도록 한 다음 모르는 미지의 저항값을 찾으려고 만든 회로

㉡ 평형조건 : 양단의 전압 V_a와 V_b가 같을 때(전위차가 없어 가운데 전류가 흐르지 않는다)

$$V_a = \frac{R_1}{R_1+R_3}V, \quad V_b = \frac{R_2}{R_2+R_4}V$$

$$V_a = V_b$$

$$\frac{R_1}{R_1+R_3}V = \frac{R_2}{R_2+R_4}V$$

$$\therefore R_1 R_4 = R_2 R_3$$

필기 NOTE !

(12) 다상교류

① 3상 교류

㉠ Y결선(스타결선, 성형결선)

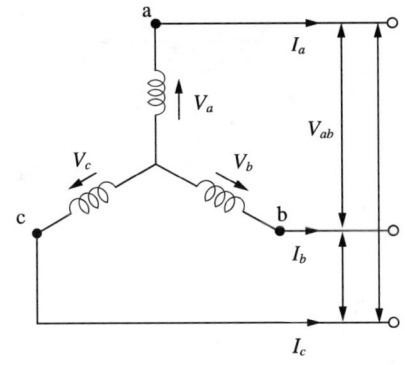 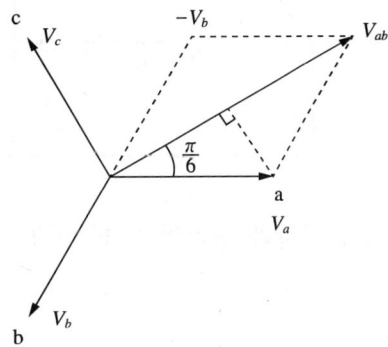

- 선간전압과 상전압 : $V_L = \sqrt{3}\, V_P \angle 30°[\text{V}]$
- 선전류와 상전류 : $I_L = I_P \angle 0°[\text{A}]$
- 선전류 : $I_Y = \dfrac{V_L}{\sqrt{3}\, Z}$, $I = \dfrac{P}{\sqrt{3}\, V_L \cos\theta \cdot n} \times (\cos\theta - j\sin\theta)$
- 전 력
  - 소비전력 : $P = \sqrt{3}\, V_L I_L \cos\theta = 3 I_P^2 R = \dfrac{V_L^2 R}{R^2 + X^2}\,[\text{W}]$
  - 무효전력 : $P_r = 3 I_P^2 X = \sqrt{3}\, VI \sin\theta\,[\text{Var}]$
  - 피상전력 : $P_a = 3 I_P^2 Z = \sqrt{3}\, VI\,[\text{VA}]$

필기 NOTE !

ⓛ △결선(삼각결선, 환상결선)

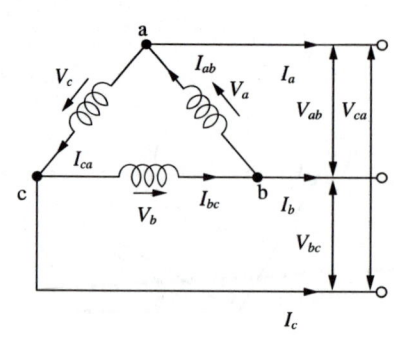 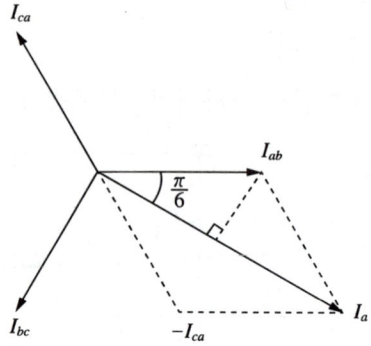

- 선간전압과 상전압 : $V_L = V_P \angle 0°[\text{V}]$
- 선전류와 상전류 : $I_L = \sqrt{3}\, I_P \angle -30°[\text{A}]$
- 선전류 : $I_\triangle = \dfrac{\sqrt{3}\, V_L}{Z}$, $I = \dfrac{P}{\sqrt{3}\, V_L \cos\theta \cdot n} \times (\cos\theta - j\sin\theta)$

  $\therefore I_\triangle = 3 I_Y$

- 전 력

  - 소비전력 : $P = \sqrt{3}\, V_L I_L \cos\theta = 3 I_P^2 R = \dfrac{3 V_L^2 R}{R^2 + X^2}\,[\text{W}]$

    $\therefore P_\triangle = 3 P_Y$

  - 무효전력 : $P_r = 3 I_P^2 X = \sqrt{3}\, VI \sin\theta\,[\text{Var}]$
  - 피상전력 : $P_a = 3 I_P^2 Z = \sqrt{3}\, VI\,[\text{VA}]$

필기 NOTE !

ⓒ V결선

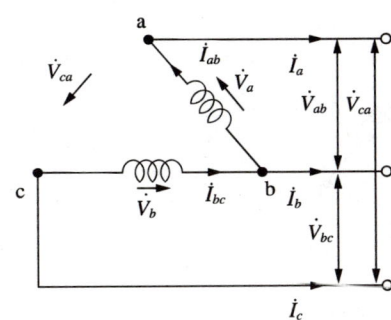 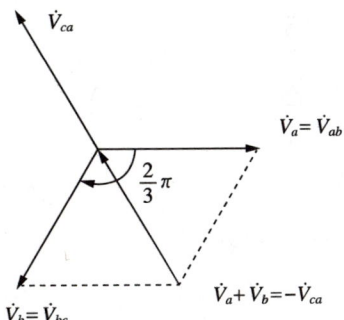

- V결선 방법

  3상 회로에서 전원 변압기의 1상을 제거한 상태인 2대의 단상 변압기로 3상의 전원을 공급하여 운전하는 결선방법

- V결선 출력

  $P_V = \sqrt{3}\,P_{\triangle 1}\,(P_{\triangle 1}$: △결선 1대의 용량$) = \sqrt{3}\,V_P I_P \cos\theta\,[\mathrm{kVA}]$

- 출력비

  $\dfrac{\text{V결선 시 출력}}{\text{고장 전 3대의 출력}} = \dfrac{\sqrt{3}\,P_{\triangle 1}}{3 \times P_{\triangle 1}} = \dfrac{1}{\sqrt{3}} = 0.577\,[57\%]$

- 이용률

  $\dfrac{\text{V결선 시 출력}}{\text{고장 전 2대의 출력}} = \dfrac{\sqrt{3}\,P_{\triangle 1}}{2 \times P_{\triangle 1}} = \dfrac{\sqrt{3}}{2} = 0.866\,[86\%]$

필기 NOTE !

㉣ Y ↔ △ 변환

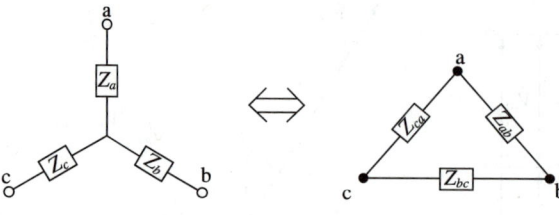

- △ → Y 변환

$$Z_a = \frac{Z_{ab} \cdot Z_{ca}}{Z_{ab} + Z_{bc} + Z_{ca}} [\Omega]$$

$$Z_b = \frac{Z_{ab} \cdot Z_{bc}}{Z_{ab} + Z_{bc} + Z_{ca}} [\Omega]$$

$$Z_c = \frac{Z_{bc} \cdot Z_{ca}}{Z_{ab} + Z_{bc} + Z_{ca}} [\Omega]$$

- Y → △ 변환

$$Z_{ab} = \frac{Z_a Z_b + Z_b Z_c + Z_c Z_a}{Z_c} [\Omega]$$

$$Z_{bc} = \frac{Z_a Z_b + Z_b Z_c + Z_c Z_a}{Z_a} [\Omega]$$

$$Z_{ca} = \frac{Z_a Z_b + Z_b Z_c + Z_c Z_a}{Z_b} [\Omega]$$

$$\therefore Z_a = \frac{1}{3} Z_{ab}$$

필기 NOTE /

(13) 자동제어계의 구성

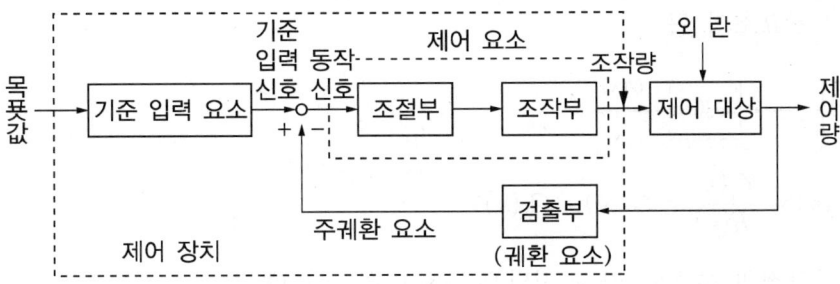

(14) 목푯값에 따른 분류 : 정치제어, 추치제어

① 정치제어
   ㉠ 공정(프로세스)제어 : 유량, 압력, 온도, 농도, 점도 등
   ㉡ 자동조정 : 전압, 주파수, 속도, 회전력 등

② 추치제어(추종제어)
   ㉠ 서보기구 : 물체의 위치, 방위, 자세(미사일)
   ㉡ 프로그램제어 : 시간을 미리 설정해 놓은 제어(엘리베이터, 열차무인운전)
   ㉢ 비율제어 : 목푯값이 다른 어떤 양에 비례하는 제어(보일러, 연소제어)

필기 NOTE !

(15) 블록선도와 신호흐름선도

① **직렬결합** : 전달요소의 곱

$$R(s) \rightarrow \boxed{G_1(s)} \rightarrow \boxed{G_2(s)} \rightarrow C(s)$$

전달함수 $G(s) = \dfrac{C(s)}{R(s)} = G_1(s) \cdot G_2(s)$

② **병렬결합** : 가합점의 부호에 따라 전달요소를 더하거나 뺀 값

$$R(s) \rightarrow \boxed{G_1(s)},\ \boxed{G_2(s)} \rightarrow \otimes_\pm \rightarrow C(s)$$

전달함수 $G(s) = \dfrac{C(s)}{R(s)} = G_1(s) \pm G_2(s)$

③ **피드백결합** : 출력신호 $C(s)$의 일부가 요소 $H(s)$를 거쳐 입력측에 피드백되는 결합방식이며 그 합성 전달함수는 다음과 같다.

$$R(s) \rightarrow \otimes_\pm^E \rightarrow \boxed{G} \rightarrow C(s),\quad \boxed{H} \text{ 피드백}$$

$E = R(s) \pm C(s)H(s)$

$C(s) = E \cdot G(s)$

$C(s) = R(s)G(s) \pm C(s)H(s)G(s)$

$C(s)(1 \mp G(s)H(s)) = R(s)G(s)$

$G(s) = \dfrac{C(s)}{R(s)} = \dfrac{G(s)}{1 \mp G(s)H(s)}$

필기 NOTE !

④ 신호흐름선도
  ㉠ Pass : 입력에서 출력으로 가는 방법
  ㉡ Loop : 되먹임(피드백)

$$G(s) = \frac{P_1 + P_2 + \cdots}{1 - L_1 - L_2 - \cdots}$$

- Pass= $G(s)$
- Loop= $-H(s)$
- $G(s) = \dfrac{G(s)}{1 + H(s)}$

필기 NOTE !

(16) 시퀀스제어

① a·b접점

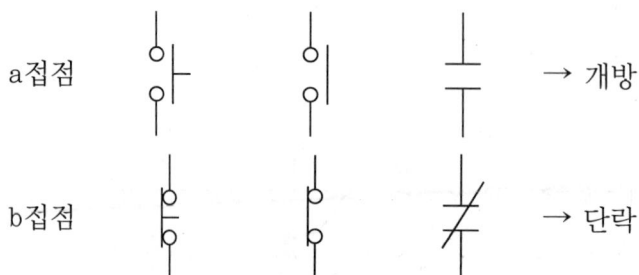

$A+A=A$	$A \cdot A = A$	$A + \overline{A} = 1$

$A \cdot \overline{A} = 0$	$\overline{A} + 1 = 1$	$A + 1 = 1$

필기 NOTE !

② 배분법칙

$$A + (\overline{A} \cdot B) = (A + \overline{A}) \cdot (A + B) = A + B$$

$$A \cdot (\overline{A} + B) = A \cdot \overline{A} + A \cdot B = AB$$

③ 드모르간법칙

$$\overline{A + B} = \overline{A} \cdot \overline{B}$$

$$\overline{A \cdot B} = \overline{A} + \overline{B}$$

④ 직렬(AND), 병렬(OR) 게이트

㉠ OR회로

$$X = A + B$$

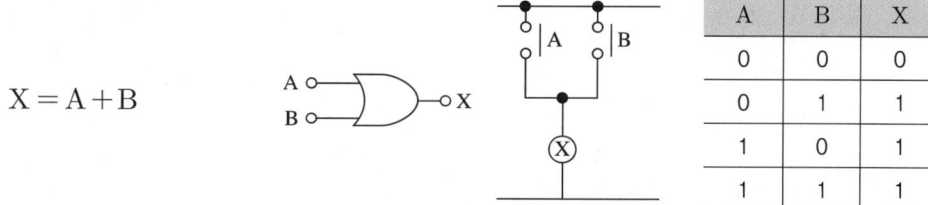

A	B	X
0	0	0
0	1	1
1	0	1
1	1	1

㉡ NOR회로

$$X = \overline{A + B} = \overline{A} \cdot \overline{B}$$

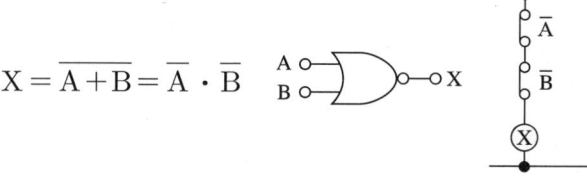

A	B	X
0	0	1
0	1	0
1	0	0
1	1	0

필기 NOTE !

ⓒ AND회로

$X = A \cdot B$

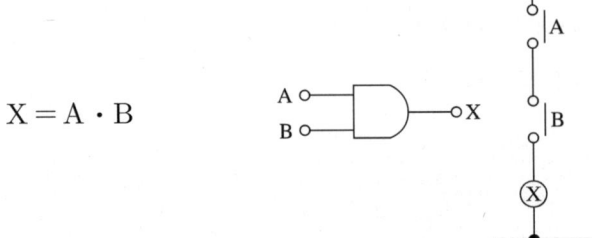

A	B	X
0	0	0
0	1	0
1	0	0
1	1	1

ⓔ NAND회로

$X = \overline{A \cdot B} = \overline{A} + \overline{B}$

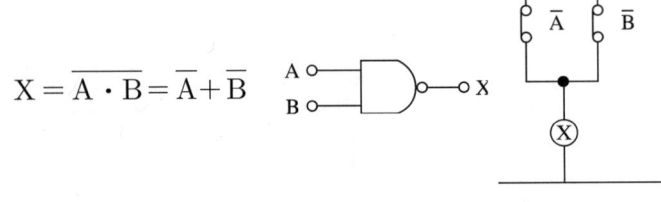

A	B	X
0	0	1
0	1	1
1	0	1
1	1	0

필기 NOTE !

CHAPTER 07 전기설비기술기준

한국전기설비규정(KEC ; Korea Electro-technical Code)은 전기설비기술기준 고시에서 정하는 전기설비(발전·송전·변전·배전 또는 전기사용을 위하여 설치하는 기계·기구·댐·수로·저수지·전선로·보안통신선로 및 그 밖의 설비)의 안전성능과 기술적 요구사항을 구체적으로 정하는 것을 목적으로 한다.

(1) 전기설비기술기준의 원칙

전기설비기술기준 제1장 총칙 제2조(안전원칙)에서

① 전기설비는 감전, 화재 및 그 밖에 사람에게 위해를 주거나 물건에 손상을 줄 우려가 없도록 시설하여야 한다.

② 전기설비는 사용목적에 적절하고 안전하게 작동하여야 하며, 그 손상으로 인하여 전기공급에 지장을 주지 않도록 시설하여야 한다.

③ 전기설비는 다른 전기설비, 그 밖의 물건의 기능에 전기적 또는 자기적 장해를 주지 않도록 시설하여야 한다.

필기 NOTE !

(2) 전기설비기술기준의 제정근거와 제정원칙

① **제정근거** : 전기사업법 제67조(기술기준)에서 장관은 전기설비의 안전관리를 위하여 필요한 기술기준을 정하여 고시하여야 한다.

② **제정원칙** : 전기사업법시행령 제43조(기술기준의 제정)에서 다음의 기준에 적합하도록 정하여야 한다.
  ㉠ 사람이나 다른 물체에 위해 또는 손상을 주지 아니하도록 할 것
  ㉡ 내구력의 부족 또는 기기 오작동에 의하여 전기공급에 지장을 주지 아니하도록 할 것
  ㉢ 다른 전기설비나 그 밖의 물건의 기능에 전기적 또는 자기적 장애를 주지 아니하도록 할 것
  ㉣ 에너지의 효율적인 이용 및 신기술·신공법의 개발·활용 등에 지장을 주지 아니하도록 할 것

(3) 통 칙

① **적용범위** : 인축의 감전에 대한 보호와 전기설비 계통, 시설물, 발전용 수력설비, 발전용 화력설비, 발전설비 용접 등의 안전에 필요한 성능과 기술적인 요구사항에 대하여 적용

② **전압의 구분**

	교류	직류
저압	1[kV] 이하	1.5[kV] 이하
고압	1[kV] 초과 7[kV] 이하	1.5[kV] 초과 7[kV] 이하
특고압	7[kV] 초과	

필기 NOTE /

(4) 용어 정의

① **발전소** : 발전기·원동기·연료전지·태양전지·해양에너지발전설비·전기저장장치 그 밖의 기계기구(비상용 예비전원을 얻을 목적으로 시설하는 것 및 휴대용 발전기를 제외한다)를 시설하여 전기를 생산(원자력, 화력, 신재생에너지 등을 이용하여 전기를 발생시키는 것과 양수발전, 전기저장장치와 같이 전기를 다른 에너지로 변환하여 저장 후 전기를 공급하는 것)하는 곳

② **변전소** : 변전소의 밖으로부터 전송받은 전기를 변전소 안에 시설한 변압기·전동발전기·회전변류기·정류기 그 밖의 기계기구에 의하여 변성하는 곳으로서 변성한 전기를 다시 변전소 밖으로 전송하는 곳

③ **개폐소** : 개폐소 안에 시설한 개폐기 및 기타 장치에 의하여 전로를 개폐하는 곳으로서 발전소·변전소 및 수용장소 이외의 곳

④ **급전소** : 전력계통의 운용에 관한 지시 및 급전조작을 하는 곳

⑤ **인입선** : 가공인입선 및 수용장소의 조영물의 옆면 등에 시설하는 전선으로 그 수용장소의 인입구에 이르는 부분의 전선

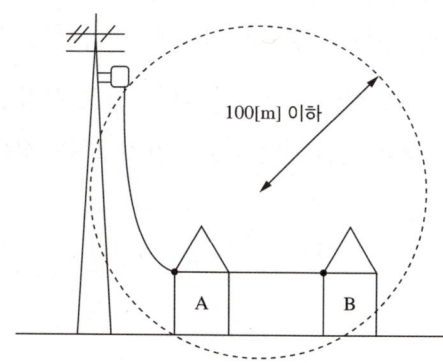

필기 NOTE !

㉠ 가공인입선 : 가공전선의 지지물에서 분기하여 지지물을 거치지 않고 다른 수용장소의 인입구에 이르는 부분의 전선(길이 : 50[m] 이하)

㉡ 이웃 연결 인입선 : 한 수용장소의 인입선에서 분기하여 지지물을 거치지 않고 다른 수용장소의 인입구에 이르는 부분의 전선

⑥ 관등회로 : 방전등용 안정기(변압기 포함)로부터 방전관까지의 전로

⑦ 리플프리직류 : 교류를 직류로 변환할 때 리플성분이 10[%](실횻값) 이하를 포함한 직류

⑧ **무효 전력 보상 설비** : 무효전력을 조정하는 전기기계기구

⑨ 글로벌접지시스템(Global Earthing System) : 근접한 국부(Local)접지시스템들의 상호접속에 의해 위험한 접촉전압이 발생하지 않도록 보장하는 등가접지시스템

⑩ **전력보안 통신설비** : 전력의 수급에 필요한 급전·운전·보수 등의 업무에 사용되는 전화 및 원격지에 있는 설비의 감시·제어·계측·계통보호를 위해 전기적·광학적으로 신호를 송·수신하는 제 장치·전송로 설비 및 전원 설비 등

⑪ **지지물** : 목주, 철주, 철근 콘크리트주, 철탑으로 전선, 약전류전선, 케이블을 지지

⑫ **지중관로** : 지중전선로, 지중약전류전선로, 지중광섬유케이블선로, 지중에 시설하는 수관 및 가스관과 이와 유사한 것 및 이들에 부속하는 지중함 등

⑬ **계통연계** : 둘 이상의 전력계통 사이를 전력이 상호 융통될 수 있도록 선로를 통하여 연결하는 것(전력계통 상호 간을 송전선, 변압기 또는 직류-교류변환설비 등에 연결)

⑭ 계통외도전부 : 전기설비의 일부는 아니지만 지면에 전위 등을 전해줄 위험이 있는 도전성 부분
  ㉠ 건축 구조체의 금속제 부분
  ㉡ 가스, 물, 난방 등의 금속배관설비
  ㉢ 절연되어 있지 않은 바닥과 벽

⑮ 계통접지 : 전력계통에서 돌발적으로 발생하는 이상현상에 대비하여 대지와 계통을 연결하는 것(중성점을 대지에 접속하는 것)

⑯ 기본보호(직접 접촉에 대한 보호) : 정상운전 시 기기의 충전부에 직접 접촉함으로써 발생할 수 있는 위험으로부터 인축의 보호

⑰ 고장보호(간접 접촉에 대한 보호) : 고장 시 기기의 노출도전부에 간접 접촉함으로써 발생할 수 있는 위험으로부터 인축을 보호

⑱ 노출도전부 : 충전부는 아니지만 고장 시에 충전될 위험이 있고, 사람이 쉽게 접촉할 수 있는 기기의 도전성 부분

⑲ 단독운전 : 전력계통의 일부가 전력계통의 전원과 전기적으로 분리된 상태에서 분산형전원에 의해서만 운전되는 상태

⑳ 분산형전원 : 중앙급전 전원과 구분되는 것으로서 전력소비지역 부근에 분산하여 배치 가능한 전원(상용전원의 정전 시에만 사용하는 비상용 예비전원은 제외하며, 신재생에너지 발전설비, 전기저장장치 등을 포함)

필기 NOTE !

㉑ **단순 병렬운전** : 자가용 발전설비 또는 저압 소용량 일반용 발전설비를 배전계통에 연계하여 운전하되, 생산한 전력의 전부를 자체적으로 소비하기 위한 것으로서 생산한 전력이 연계계통으로 송전되지 않는 병렬 형태

㉒ **내부 피뢰시스템** : 등전위본딩 또는 외부 피뢰시스템의 전기적 절연으로 구성된 피뢰시스템의 일부

㉓ **등전위본딩** : 등전위를 형성하기 위해 도전부 상호 간을 전기적으로 연결

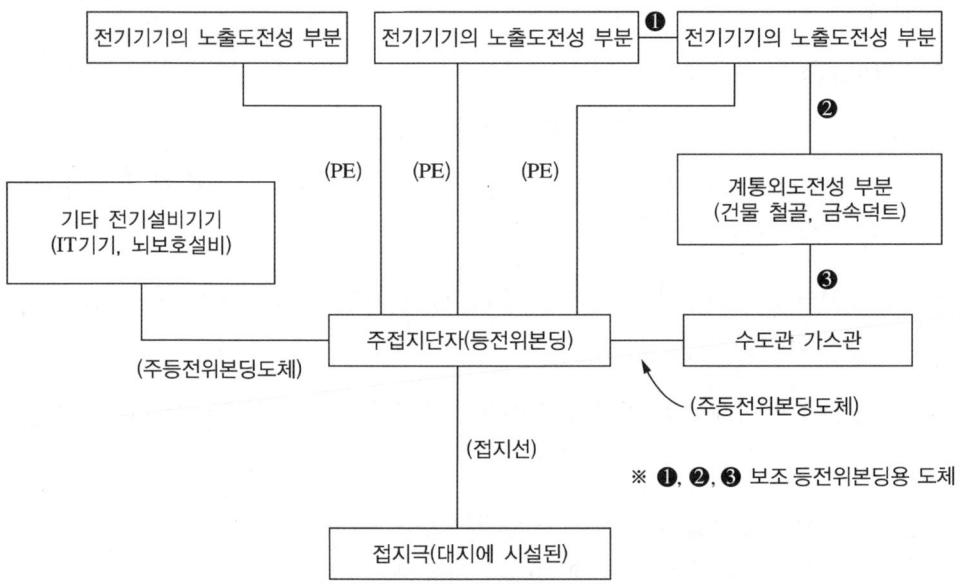

㉔ **보호등전위본딩** : 감전에 대한 보호 등과 같은 안전을 목적으로 하는 등전위본딩

필기 NOTE !

㉕ 보조 등전위본딩 : 두 개의 노출도전부를 연결 또는 노출도전부와 계통외 도전부를 접속

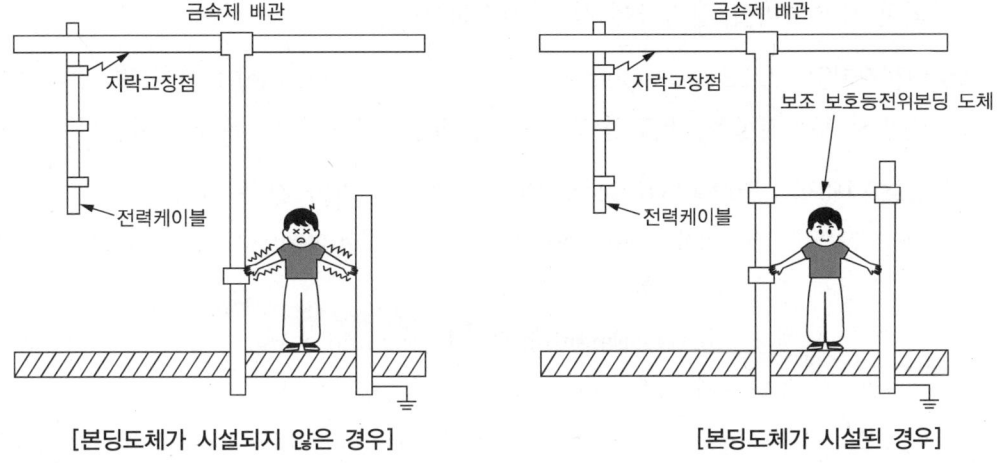

[본딩도체가 시설되지 않은 경우]　　　　　　　[본딩도체가 시설된 경우]

㉖ 비접지 등전위본딩 : 비전도성 장소에서 동시에 접근이 가능한 모든 노출도전부와 계통외 도전부를 상호접속

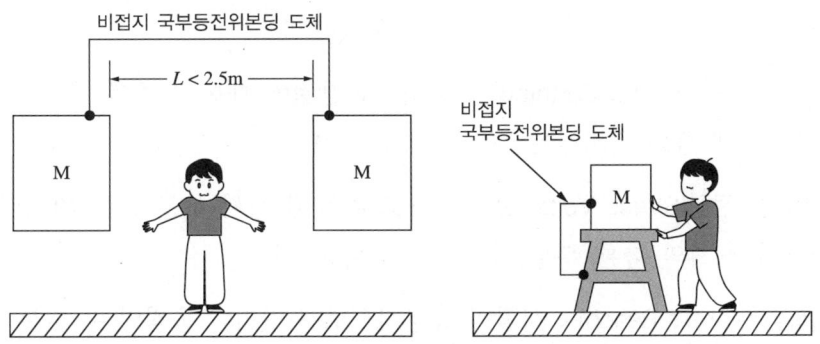

㉗ 등전위본딩망(Equipotential Bonding Network) : 구조물의 모든 도전부와 충전도체를 제외한 내부설비를 접지극에 상호 접속하는 망

㉘ 뇌전자기임펄스(LEMP ; Lightning Electromagnetic Impulse) : 서지 및 방사상 전자계를 발생시키는 저항성, 유도성 및 용량성 결합을 통한 뇌전류에 의한 모든 전자기 영향

㉙ 보호도체(PE ; Protective Conductor) : 감전 방지와 같은 안전을 위해 준비된 도체
  ㉠ PEN 도체(Protective Earthing Conductor and Neutral Conductor) : 교류회로에서 중성선 겸용 보호도체
  ㉡ PEM 도체(Protective Earthing Conductor and a Mid-point Conductor) : 직류회로에서 중간도체 겸용 보호도체
  ㉢ PEL 도체(Protective Earthing Conductor and a Line Conductor) : 직류회로에서 선도체 겸용 보호도체

㉚ 보호본딩도체(Protective Bonding Conductor) : 등전위본딩을 확실하게 하기 위한 보호도체

㉛ 보호접지(Protective Earthing) : 고장 시 감전에 대한 보호를 목적으로 기기의 한 점 또는 여러 점을 접지하는 것

㉜ 스트레스전압(Stress Voltage) : 지락고장 중에 접지 부분 또는 기기나 장치의 외함과 기기나 장치의 다른 부분 사이에 나타나는 전압

㉝ 접촉범위(Arm's Reach) : 사람이 통상적으로 서있거나 움직일 수 있는 바닥면상의 어떤 점에서라도 보조장치의 도움 없이 손을 뻗어서 접촉이 가능한 접근구역

㉞ 지락고장전류(Earth Fault Current) : 충전부에서 대지 또는 고장점(지락점)의 접지된 부분으로 흐르는 전류를 말하며, 지락에 의하여 전로의 외부로 유출되어 화재, 사람이나 동물의 감전 또는 전로나 기기의 손상 등 사고를 일으킬 우려가 있는 전류

필기 NOTE /

㉟ **충전부**(Live Part) : 통상적인 운전 상태에서 전압이 걸리도록 되어 있는 도체 또는 도전부를 말한다. 중성선을 포함하나 PEN 도체, PEM 도체 및 PEL 도체는 포함하지 않는다.

㊱ **피뢰등전위본딩**(Lightning Equipotential Bonding) : 뇌전류에 의한 전위차를 줄이기 위해 직접적인 도전접속 또는 서지보호장치를 통하여 분리된 금속부를 피뢰시스템에 본딩하는 것

㊲ **피뢰레벨**(LPL ; Lightning Protection Level) : 자연적으로 발생하는 뇌방전을 초과하지 않는 최대, 그리고 최소 설계값에 대한 확률과 관련된 일련의 뇌격전류 매개변수(파라미터)로 정해지는 레벨

㊳ **피뢰시스템**(LPS ; Lightning Protection System) : 구조물 뇌격으로 인한 물리적 손상을 줄이기 위해 사용되는 전체시스템을 말하며, 외부피뢰시스템과 내부피뢰시스템으로 구성

㊴ **외부피뢰시스템** : 수뢰부시스템, 인하도선시스템, 접지극시스템으로 구성된 피뢰시스템의 일종
  ㉠ 수뢰부시스템 : 낙뢰를 포착할 목적으로 돌침, 수평도체, 그물망도체 등과 같은 금속 물체를 이용한 외부 피뢰시스템의 일부
  ㉡ 인하도선시스템 : 뇌전류를 수뢰시스템에서 접지극으로 흘리기 위한 외부피뢰시스템의 일부
  ㉢ 접지극시스템 : 기기나 계통을 개별적 또는 공통으로 접지하기 위하여 필요한 접속 및 장치로 구성된 설비

㊵ **서지보호장치**(SPD ; Surge Protective Device) : 과도 과전압을 제한하고 서지전류를 분류시키기 위한 장치

㊶ **특별저압**(ELV ; Extra Low Voltage) : 인체에 위험을 초래하지 않을 정도의 저압
　㉠ AC 50[V] 이하 / DC 120[V] 이하
　㉡ SELV(Safety Extra Low Voltage)는 비접지회로
　㉢ PELV(Protective Extra Low Voltage)는 접지회로

> **참고**
> - T(Terra : 대지)
> - I(Insulation : 절연) : 대지와 완전 절연, 저항 삽입 대지와 접지
> - N(Neutral : 중성)
> - S(Separated : 분리) : 중성선과 보호도체를 분리한 상태로 도체에 포설
> - C(Combined : 조합) : 중성선과 보호도체를 묶어 단일화로 포설
> - PE(보호도체)
>   - Protective : 보호하는
>   - Equipotential : 등전위
>   - Earthing : 접지
> - F(Function : 기능)
> - S(Safety : 안전)

㊷ **접근상태** : 제1차 접근상태 및 제2차 접근상태
　㉠ 제1차 접근상태 : 가공전선이 다른 시설물과 접근(병행하는 경우를 포함하며 교차하는 경우 및 동일 지지물에 시설하는 경우를 제외)하는 경우에 가공전선이 다른 시설물의 위쪽 또는 옆쪽에서 수평거리로 가공전선로의 지지물의 지표상의 높이에 상당하는 거리 안에 시설(수평 거리로 3[m] 미만인 곳에 시설되는 것을 제외)됨으로써 가공전선로의 전선의 절단, 지지물의 넘어지거나 무너짐 등의 경우에 그 전선이 다른 시설물에 접촉할 우려가 있는 상태
　㉡ 제2차 접근상태 : 가공전선이 다른 시설물과 접근하는 경우에 그 가공전선이 다른 시설물의 위쪽 또는 옆쪽에서 수평거리로 3[m] 미만인 곳에 시설되는 상태

필기 NOTE !

(5) 계통접지 방식(저압)

① 분 류
  ㉠ TN계통
  ㉡ TT계통
  ㉢ IT계통

② 문자정의
  ㉠ 제1문자 : 전원계통과 대지의 관계
    • T : 한 점을 대지에 직접 접속
    • I : 모든 충전부를 대지와 절연시키거나 높은 임피던스를 통하여 한 점을 대지에 직접 접속
  ㉡ 제2문자 : 전기설비의 노출도전부와 대지의 관계
    • T : 노출도전부를 대지로 직접 접속, 전원계통의 접지와는 무관
    • N : 노출도전부를 전원계통의 접지점(교류계통에서는 통상적으로 중성점, 중성점이 없을 경우는 선도체)에 직접 접속
  ㉢ 그 다음 문자(문자가 있을 경우) : 중성선과 보호도체의 배치
    • S : 중성선 또는 접지된 선도체 외에 별도의 도체에 의해 제공되는 보호 기능
    • C : 중성선과 보호 기능을 한 개의 도체로 겸용(PEN도체)

③ 심벌 및 약호
  ㉠ 심 벌

기호	설명
─────/●─────	중성선(N), 중간도체(M)
─────/─────	보호도체(PE)
─────/●─────	중성선과 보호도체 겸용(PEN)

ⓒ 약 호

T	Terra	대지(접지)
I	Isolated	절연(대지 사이에 고유임피던스 사용)
N	Neutral	중 성
S	Separate	분 리
C	Combined	결 합

④ 결선도
  ㉠ TN계통
    • TN-S : TN-S계통은 계통 전체에 대해 별도의 중성선 또는 PE도체를 사용한다. 배전계통에서 PE도체를 추가로 접지할 수 있다.

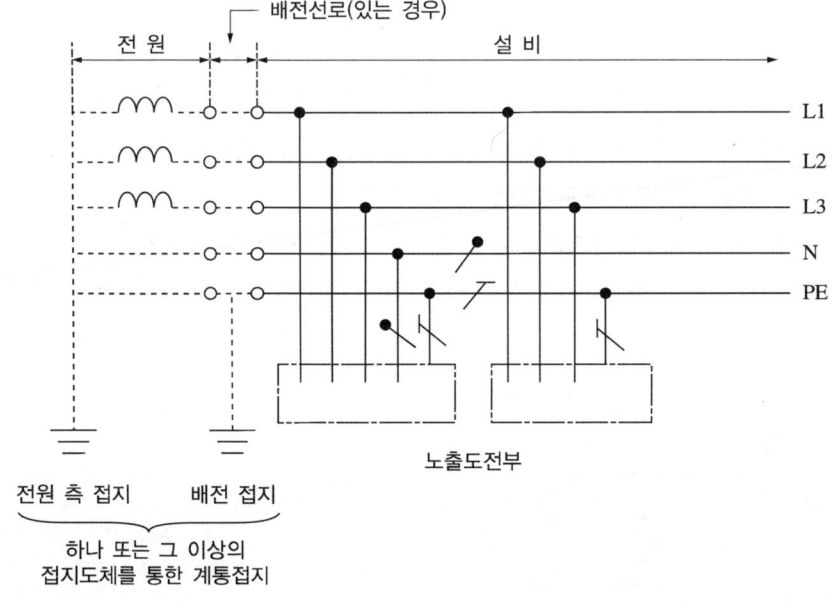

[계통 내에서 별도의 중성선과 보호도체가 있는 TN-S계통]

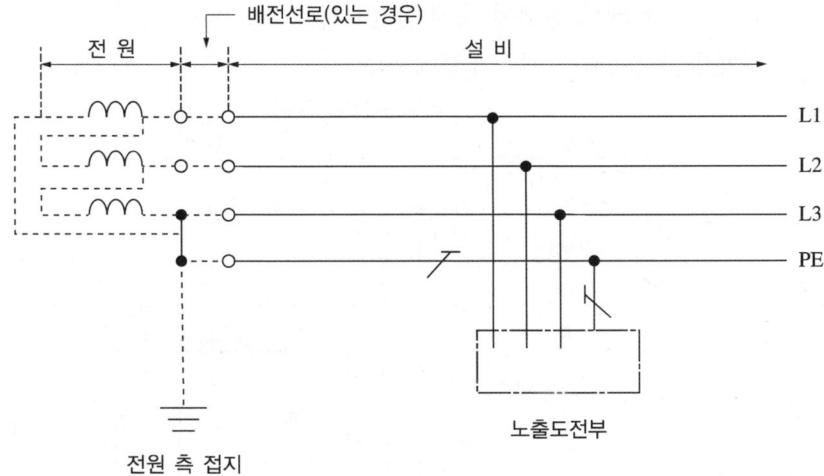

[계통 내에서 별도의 접지된 선도체와 보호도체가 있는 TN-S계통]

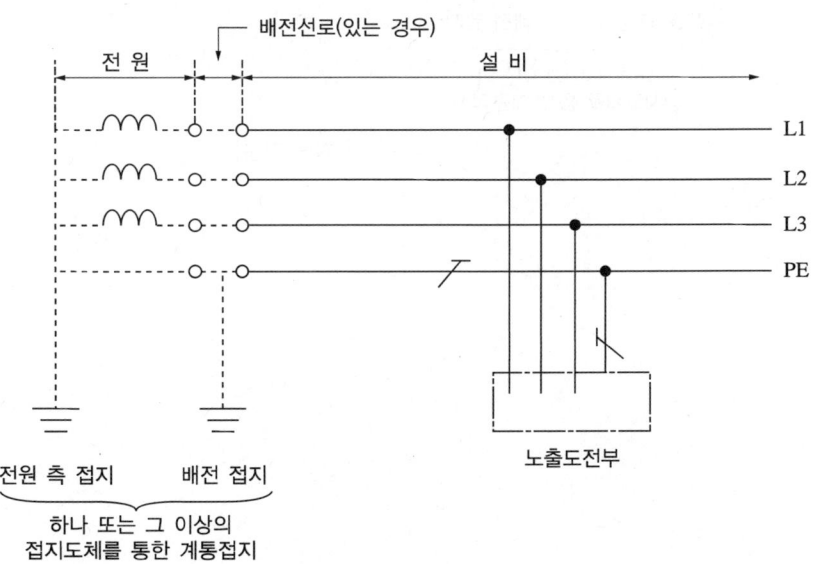

[계통 내에서 접지된 보호도체는 있으나 중성선의 배선이 없는 TN-S계통]

필기 NOTE !

- TN-C : 그 계통 전체에 대해 중성선과 보호도체의 기능을 동일 도체로 겸용한 PEN 도체를 사용한다. 배전계통에서 PEN도체를 추가로 접지할 수 있다.

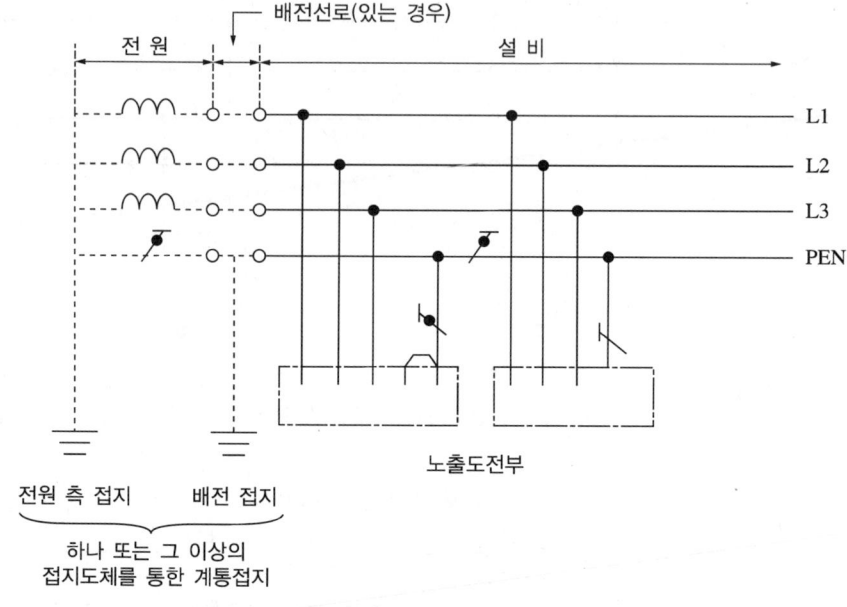

[TN-C계통]

- TN-C-S : 계통의 일부분에서 PEN도체를 사용하거나, 중성선과 별도의 PE도체를 사용하는 방식이 있다. 배전계통에서 PEN도체와 PE도체를 추가로 접지할 수 있다.

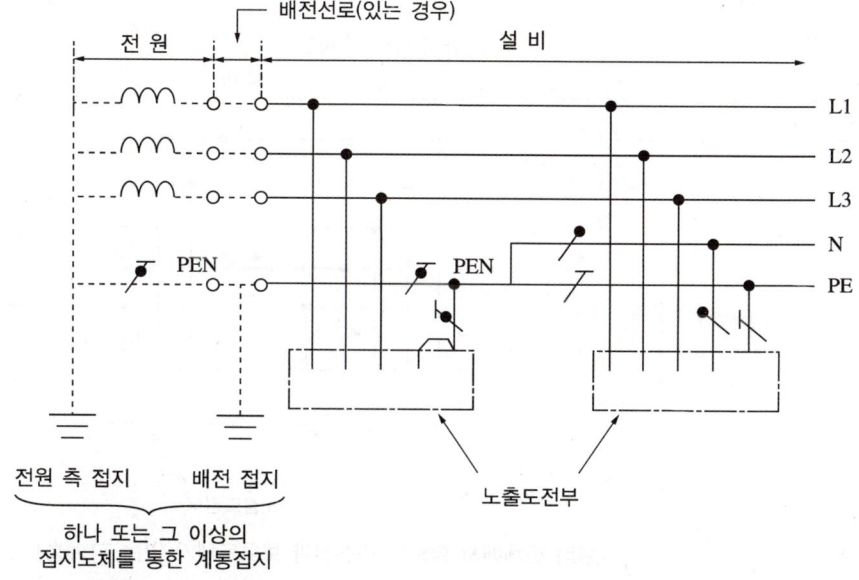

[설비의 어느 곳에서 PEN이 PE와 N으로 분리된 3상 4선식 TN-C-S계통]

ⓒ TT계통 : 전원의 한 점을 직접 접지하고 설비의 노출도전부는 전원의 접지전극과 전기적으로 독립적인 접지극에 접속시킨다. 배전계통에서 PE도체를 추가로 접지할 수 있다.

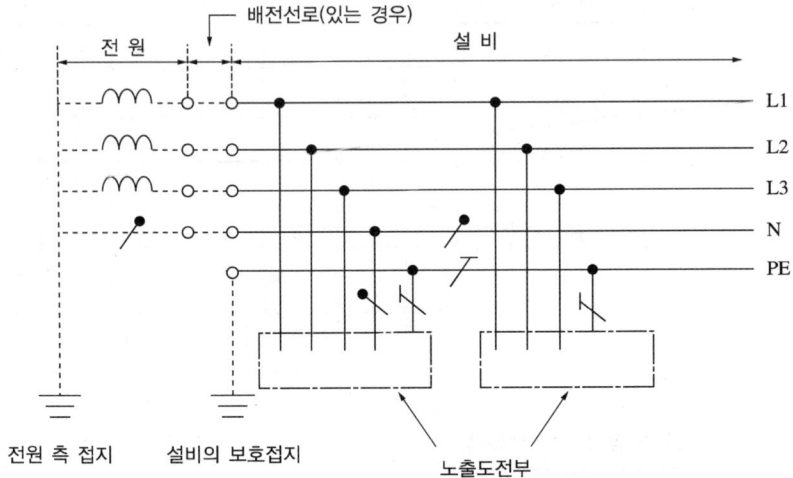

[설비 전체에서 별도의 중성선과 보호도체가 있는 TT계통]

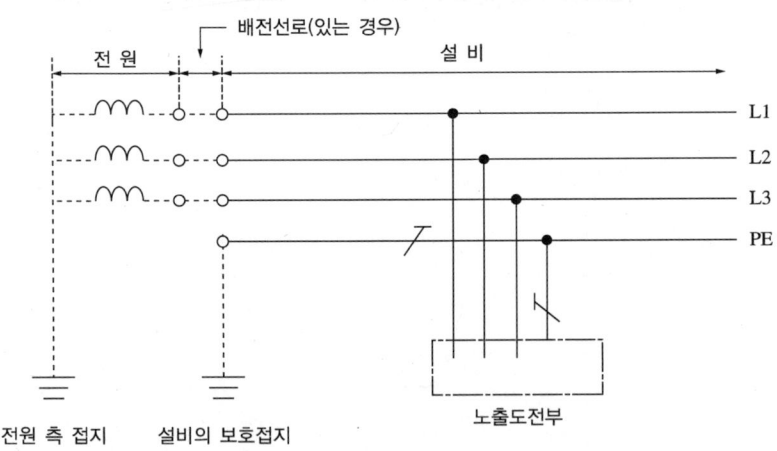

[설비 전체에서 접지된 보호도체가 있으나 배전용 중성선이 없는 TT계통]

ⓒ IT계통
- 충전부 전체를 대지로부터 절연시키거나, 한 점을 임피던스를 통해 대지에 접속시킨다. 전기설비의 노출도전부를 단독 또는 일괄적으로 계통의 PE도체에 접속시킨다. 배전계통에서 추가접지가 가능하다.
- 계통은 높은 임피던스를 통하여 접지할 수 있다. 이 접속은 중성점, 인위적 중성점, 선도체 등에서 할 수 있다. 중성선은 배선할 수도 있고, 배선하지 않을 수도 있다.

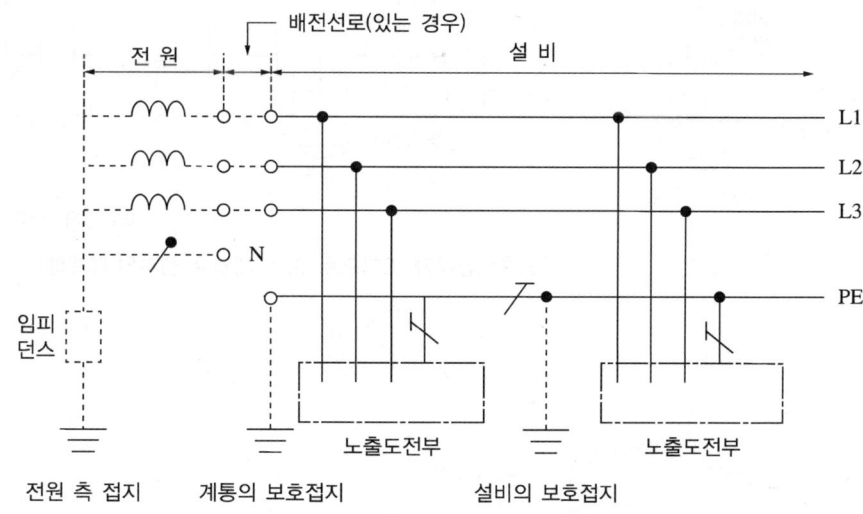

[계통 내의 모든 노출도전부가 보호도체에 의해 접속되어 일괄 접지된 IT계통]

필기 NOTE !

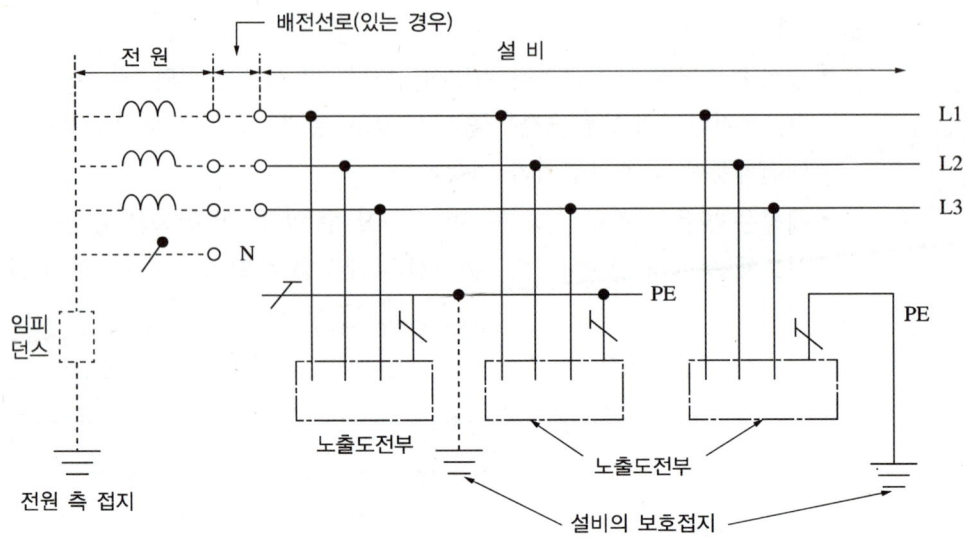

[노출도전부가 조합으로 또는 개별로 접지된 IT계통]

ⓒ 직류계통 : 직류계통의 계통접지 방식으로 149~158쪽의 그림까지는 직류계통의 특정 극을 접지하고 있지만 양극 또는 음극의 어느 쪽을 접지하는가는 운전환경, 부식방지 등을 고려하여 결정하여야 한다.
- TN-S 계통 : 전원측 선도체 또는 중간도체의 한 점을 직접 접지하고, 설비의 노출도 전부는 보호도체를 통해 그 점에 접속한다. 설비 내에서 별도의 보호도체가 사용된다. 설비 내에서 보호도체를 추가로 접지할 수 있다.

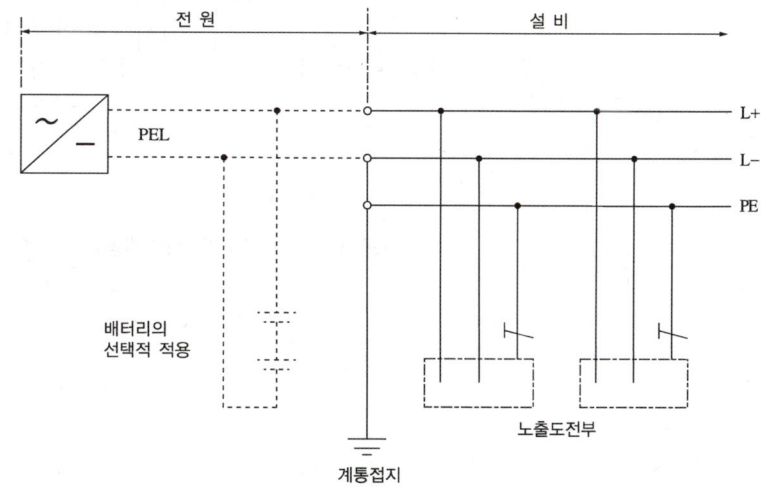

[중간도체가 없는 TN-S 직류계통]

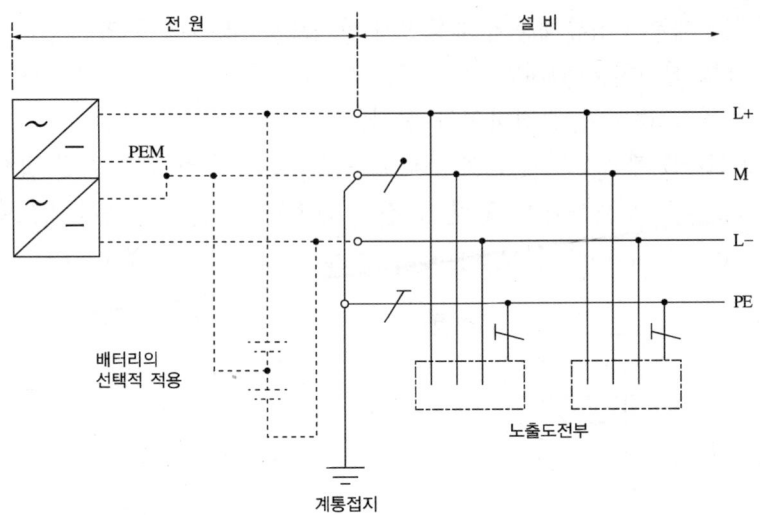

[중간도체가 있는 TN-S 직류계통]

필기 NOTE /

- TN-C 계통 : 전원측 선도체 또는 중간도체의 한 점을 직접 접지하고, 설비의 노출도 전부는 보호도체를 통해 그 점에 접속한다. 설비 내에서 접지된 선도체와 보호도체의 기능을 하나의 PEL도체로 겸용하거나, 설비 내에서 접지된 중간도체와 보호도체를 하나의 PEM으로 겸용한다. 설비 내에서 PEL 또는 PEM을 추가로 접지할 수 있다.

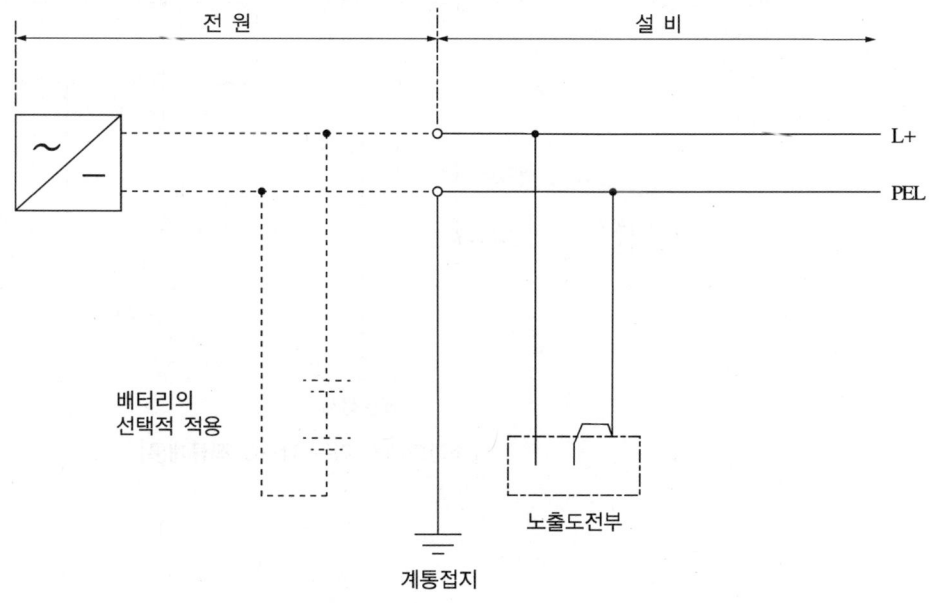

[중간도체가 없는 TN-C 직류계통]

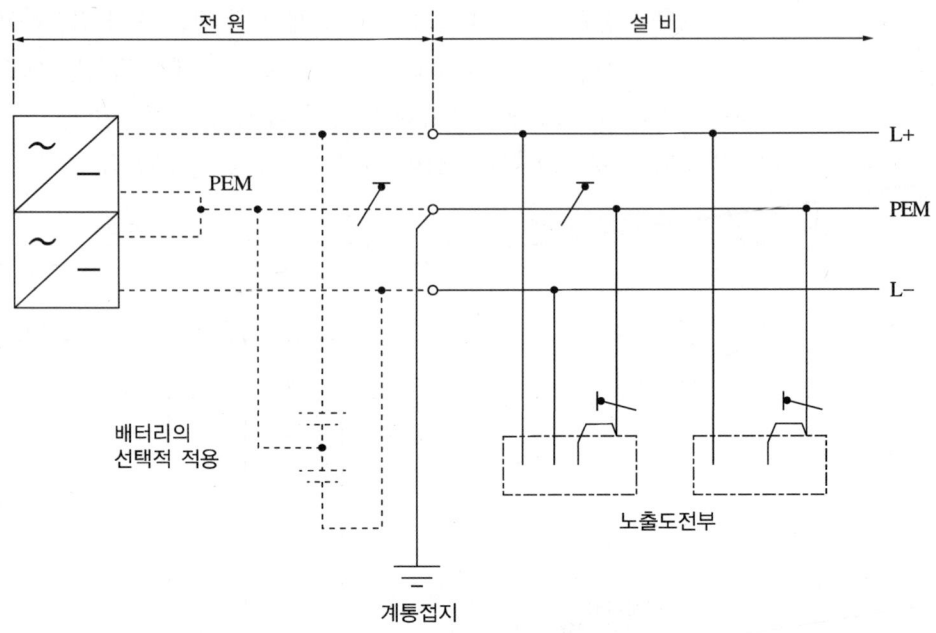

[중간도체가 있는 TN-C 직류계통]

- TN-C-S 계통 : 전원측 선도체 또는 중간도체의 한 점을 직접 접지하고, 설비의 노출도전부는 보호도체를 통해 그 점에 접속한다. 설비의 일부에서 접지된 선도체와 보호도체의 기능을 하나의 PEL도체로 겸용하거나, 설비의 일부에서 접지된 중간도체와 보호도체를 하나의 PEM도체로 겸용한다. 설비 내에서 보호도체를 추가로 접지할 수 있다.

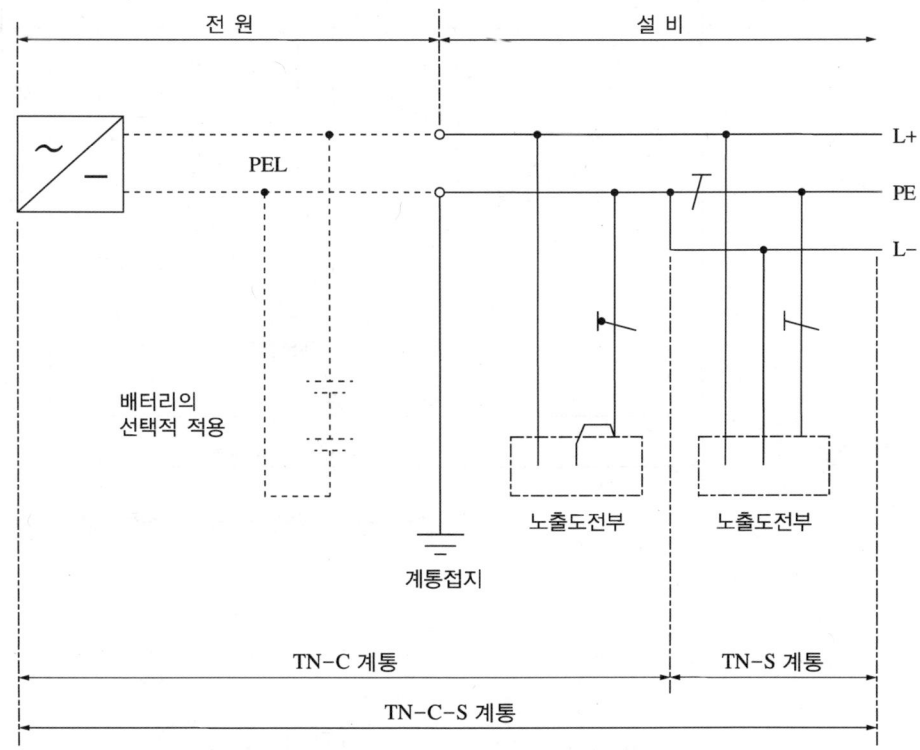

[중간도체가 없는 TN-C-S 직류계통]

필기 NOTE !

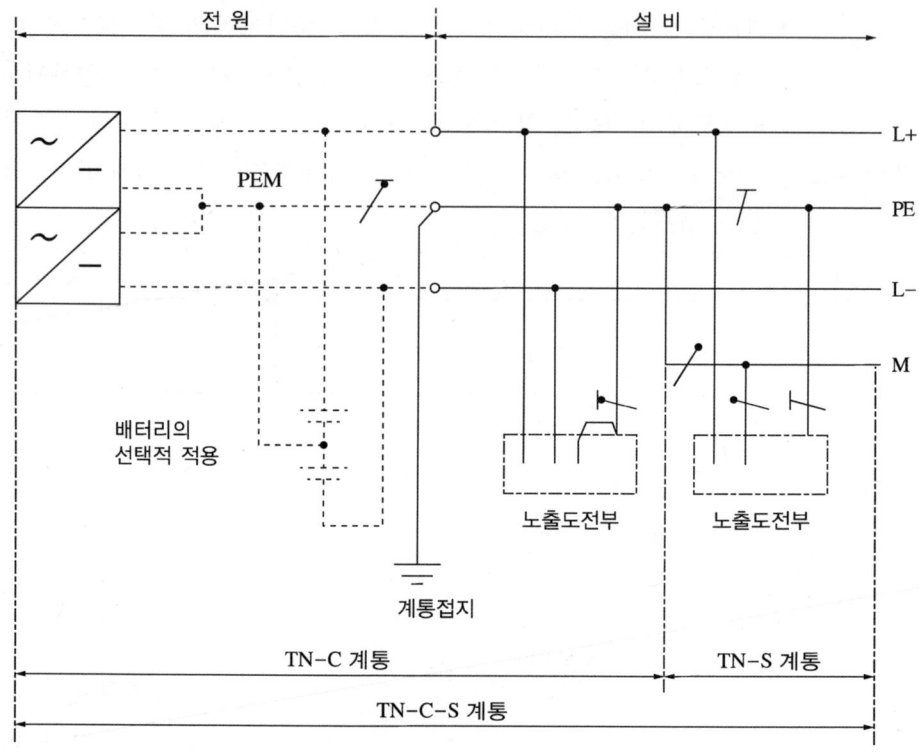

[중간도체가 있는 TN-C-S 직류계통]

• TT 계통

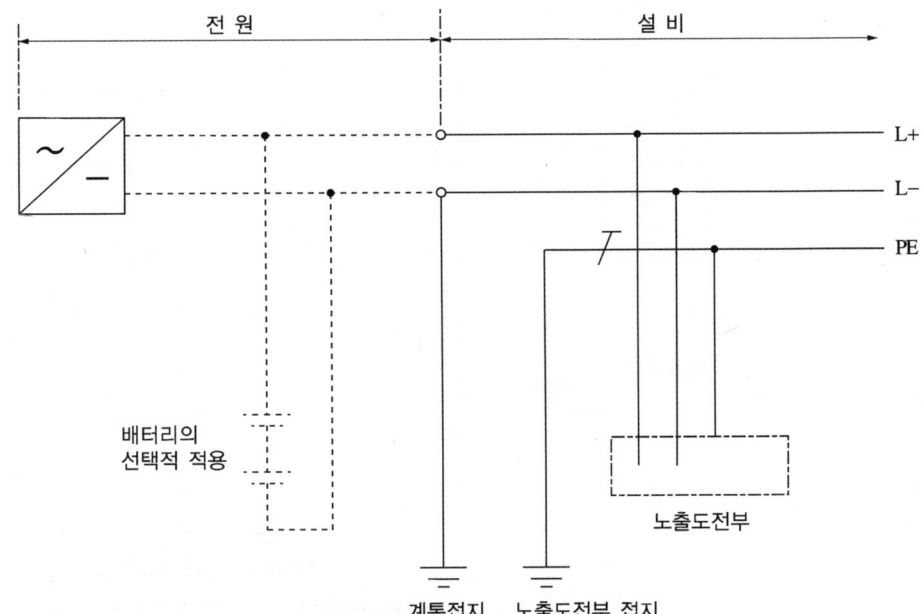

[중간도체가 없는 TT 직류계통]

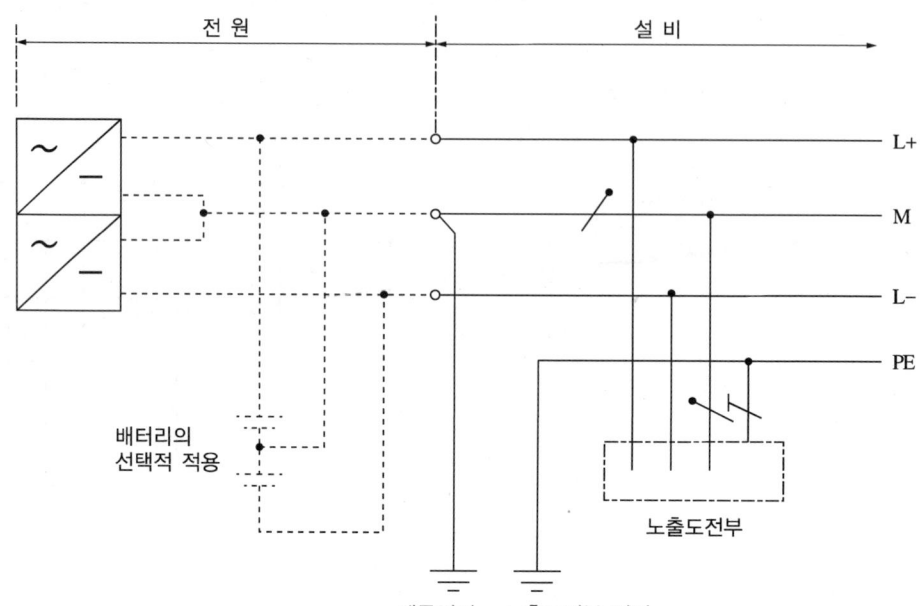

[중간도체가 있는 TT 직류계통]

• IT 계통

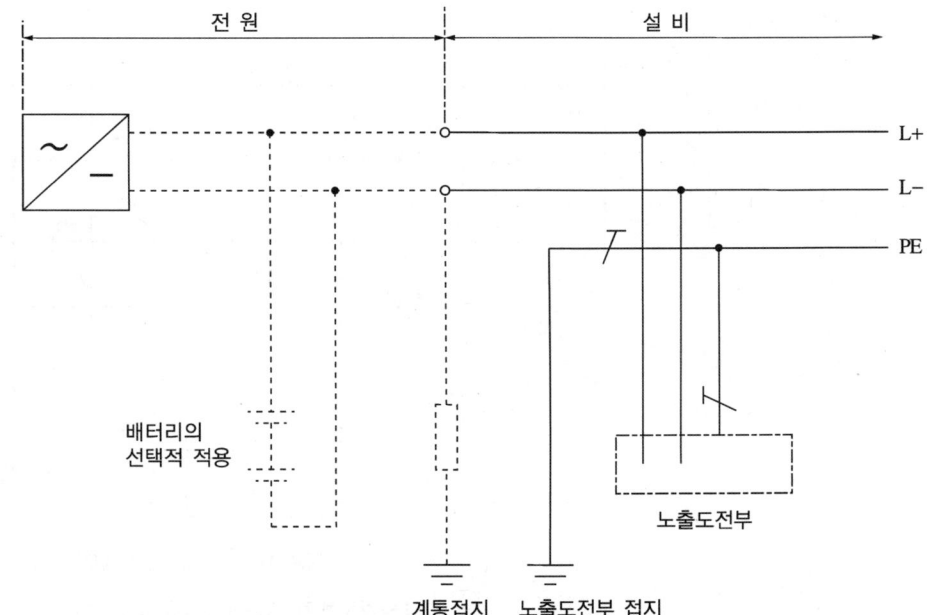

[중간도체가 없는 IT 직류계통]

필기 NOTE !

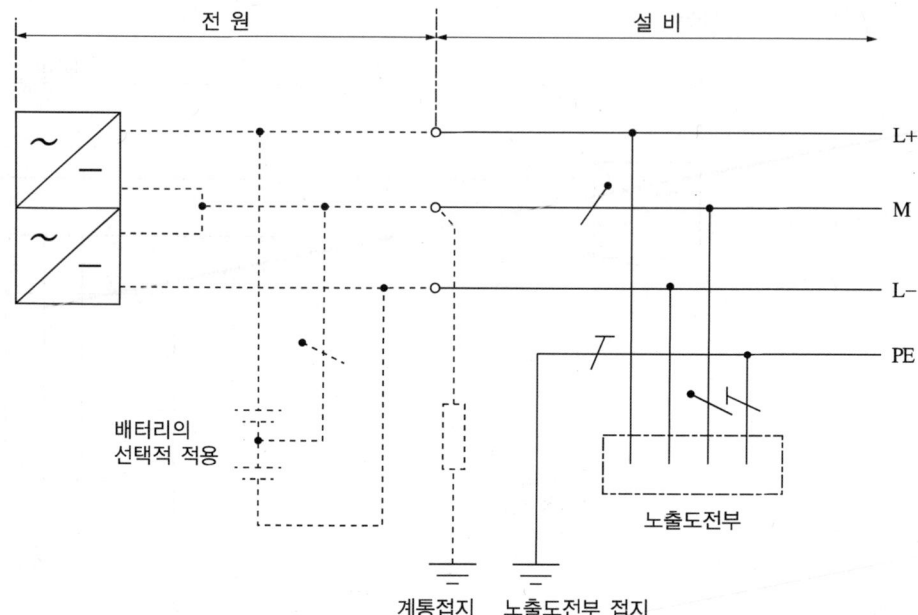

[중간도체가 있는 IT 직류계통]

PART 02

필수암기공식

CHAPTER 01 전기자기학
CHAPTER 02 기 타

합격의 공식 **시대에듀** www.sdedu.co.kr

CHAPTER 01 전기자기학

| 01 | 진공 중의 정전계

(1) 전 계

① $E = \dfrac{Q}{S\varepsilon_0} = \dfrac{Q}{4\pi r^2 \varepsilon_0} = \dfrac{Q}{4\pi \varepsilon_0 r^2}$

※ 원둘레$(l) = \pi D = 2\pi r$

원면적$(S) = \pi r^2$

구표면적$(S) = 4\pi r^2$

구체적(부피, $V) = \dfrac{4}{3}\pi r^3$

② 점전하에 의한 전계

$E = \dfrac{Q}{4\pi \varepsilon_0 r^2} [\text{V/m}]$

③ 무한의 직선도체에 의한 전계

$E = \dfrac{\lambda}{2\pi \varepsilon_0 r} [\text{V/m}]$

④ 무한평면도체에 의한 전계

㉠ 구도체 표면에서의 전계(무한)

$E = \dfrac{dN}{dS} = \dfrac{\sigma}{\varepsilon_0} [\text{V/m}] \rightarrow$ 거리와 무관

㉡ 무한평판에서의 전계

$E = \dfrac{dN}{dS} = \dfrac{\sigma}{2\varepsilon_0} [\text{V/m}] \rightarrow$ 거리와 무관

⑤ 원형코일(원형도선)에 의한 전계

$$E = \frac{\lambda ax}{2\varepsilon_0 (a^2 + x^2)^{\frac{3}{2}}} [\text{V/m}] = \frac{Qx}{4\pi\varepsilon_0 (a^2 + x^2)^{\frac{3}{2}}} [\text{V/m}]$$

⑥ 전기쌍극자에 의한 전계

$$E = \frac{M}{2\pi\varepsilon_0 r^3} \cos\theta + \frac{M}{4\pi\varepsilon_0 r^3} \sin\theta = \frac{M}{4\pi\varepsilon_0 r^3} \sqrt{1 + 3\cos^2\theta} \, [\text{V/m}]$$

(2) 전 위

① $E = -\text{grad}\, V = -\nabla V [\text{V/m}]$

② 점전하에 의한 전위

$$V = E \cdot r = \frac{Q}{4\pi\varepsilon_0 r}$$

③ 무한장 직선도체 및 무한평판에서의 전위

$$V = \infty$$

(3) 선전하밀도

$\rho_l = \lambda$

(4) 전속수 및 전속밀도

① $\psi = Q$

② $E = \dfrac{Q}{4\pi\varepsilon_0 r^2} [\text{V/m}], \ D = \dfrac{Q}{4\pi r^2} [\text{C/m}^2]$

$\therefore D = \varepsilon_0 E [\text{C/m}^2]$

| 02 | 진공 중의 도체계

(1) 정전용량

① 정전용량 $(C) = \dfrac{Q}{V}[\mathrm{F = C/V}]$

② 완전구도체의 정전용량

$$C = \dfrac{Q}{V} = \dfrac{Q}{\dfrac{Q}{4\pi\varepsilon_0 a}} = 4\pi\varepsilon_0 a = \dfrac{a}{9 \times 10^9}[\mathrm{F}]$$

③ 평행판 전극에서의 정전용량

$$C = \dfrac{\varepsilon S}{d}[\mathrm{F}]$$

(2) 정전에너지

① $W = \dfrac{1}{2}QV = \dfrac{1}{2}CV^2 = \dfrac{Q^2}{2C}[\mathrm{J}]$

② 평행판 콘덴서의 전체 축적되는 에너지

$$W = \dfrac{1}{2}CV^2 = \dfrac{1}{2} \times \dfrac{\varepsilon S}{d}(Ed)^2 = \dfrac{1}{2}\varepsilon E^2 Sd[\mathrm{J}]$$

③ 단위면적당 작용하는 흡인력

$$f = \dfrac{F}{S} = \dfrac{1}{2}ED = \dfrac{1}{2}\varepsilon E^2 = \dfrac{D^2}{2\varepsilon}[\mathrm{N/m^2}]$$

03 유전체

(1) 유전체 내와 진공 중의 관계

매질의 유전율	공기 중(ε_0)	유전체 내($\varepsilon = \varepsilon_0 \varepsilon_s$)	유전율(ε_s)
힘	$F_0 = \dfrac{Q_1 Q_2}{4\pi\varepsilon_0 r^2}$	$F = \dfrac{Q_1 Q_2}{4\pi\varepsilon_0 \varepsilon_s r^2}$	$\varepsilon_s = \dfrac{F_0}{F}$
전 계	$E_0 = \dfrac{Q}{4\pi\varepsilon_0 r^2}$	$E = \dfrac{Q}{4\pi\varepsilon_0 \varepsilon_s r^2}$	$\varepsilon_s = \dfrac{E_0}{E}$
전 위	$V_0 = \dfrac{Q}{4\pi\varepsilon_0 r}$	$V = \dfrac{Q}{4\pi\varepsilon_0 \varepsilon_s r}$	$\varepsilon_s = \dfrac{V_0}{V}$
전속밀도	$D_0 = \varepsilon_0 E_0 = \dfrac{Q}{4\pi r^2}$	$D = \varepsilon_0 \varepsilon_s E = \dfrac{Q}{4\pi r^2}$	
정전용량	$C_0 = \dfrac{\varepsilon_0}{d} S$	$C = \dfrac{\varepsilon_0 \varepsilon_s}{d} S$	$\varepsilon_s = \dfrac{C}{C_0}$

(2) 전기분극

① 분극의 세기

$$분극의 세기(P) = D - \varepsilon_0 E = D - \dfrac{D}{\varepsilon_s} = D\left(1 - \dfrac{1}{\varepsilon_s}\right) = \varepsilon_0 \varepsilon_s E - \varepsilon_0 E = \varepsilon_0(\varepsilon_s - 1)E$$

② 분극률과 비분극률

㉠ 분극률 $\chi = \varepsilon_0(\varepsilon_s - 1)$

㉡ 비분극률 $x_e = \dfrac{\chi}{\varepsilon_0} = \varepsilon_s - 1$

㉢ 비유전율 $\varepsilon_s = \dfrac{\chi}{\varepsilon_0} + 1$

| 04 | 전계의 특수해법

(1) 전기 영상법에 의한 계산

① 접지평면 도체와 점전하

ㄱ) 영상전하

$$Q' = -Q[C]$$

ㄴ) 작용력

$$F = -\frac{Q^2}{16\pi\varepsilon_0 a^2}[N]$$

ㄷ) 전하가 무한 평판으로 이동했을 때의 한 일

$$W = -\frac{Q^2}{16\pi\varepsilon_0 a}[J]$$

ㄹ) 최대 전하밀도

$$\sigma_m = -\frac{Q}{2\pi a^2}[C/m^2]$$

② 접지구도체와 점전하

ㄱ) 영상전하

$$Q' = -\frac{a}{d}Q[C]$$

ㄴ) 영상전하의 위치

$$x = \frac{a^2}{d}[m]$$

05 전류

(1) 전류

① 전류의 종류

㉠ 전도전류

- $I_c = \dfrac{1}{\rho}ES\,[\mathrm{A}]$
- 밀 도
  $i_c = kE\,[\mathrm{A/m^2}]$

② 전류의 연속성

$\nabla \cdot i = \operatorname{div} i = 0$

③ 전류의 불연속성

$\operatorname{div} i = -\dfrac{\partial \rho}{\partial t}$

(2) 저항

① 저항과 정전용량

$R = \rho \dfrac{l}{S}\,[\Omega], \quad C = \dfrac{\varepsilon S}{l}\,[\mathrm{F}]$

㉠ 접지저항

$RC = \rho\varepsilon \;\rightarrow\; \dfrac{C}{G} = \dfrac{\varepsilon}{k}$

㉡ 누설전류

$I_l = \dfrac{V}{R} = \dfrac{V}{\dfrac{\rho\varepsilon}{C}} = \dfrac{CV}{\rho\varepsilon}\,[\mathrm{A}]$

ⓒ 구도체의 접지저항

$$C = 4\pi\varepsilon a, \ R = \frac{\rho}{4\pi a} = \frac{1}{4\pi k a}$$

ⓔ 평행도선의 접지저항

$$C = \frac{\pi\varepsilon_0 l}{\ln\frac{d}{a}}, \ R = \frac{\rho\varepsilon}{C} = \frac{\rho\varepsilon}{\pi\varepsilon l}\ln\frac{d}{a}$$

06 진공 중의 정자계

(1) 쿨롱의 법칙
① 두 자하 사이에 작용하는 힘
㉠ 진공 중에서의 쿨롱의 힘
$$F = 6.33 \times 10^4 \frac{m_1 m_2}{r^2} [\text{N}]$$
㉡ 매질에서의 쿨롱의 힘
$$F = 6.33 \times 10^4 \times \frac{m_1 m_2}{\mu_s r^2} [\text{N}] \, (\mu_s : \text{비투자율})$$

(2) 자 계
① 자계에 의해 작용하는 힘
$$F = mH [\text{N}]$$
② 자계의 세기의 계산
점자극에 의한 자계
$$H = 6.33 \times 10^4 \, \frac{m}{r^2} \, [\text{AT/m}]$$

(3) 자 위
① 점자극에 의한 자위
$$U = 6.33 \times 10^4 \times \frac{m}{r} [\text{A}]$$
② 자기쌍극자에 의한 자위
$$U_p = \frac{M}{4\pi \mu_0 r^2} \cos\theta [\text{A}]$$

(4) 자기와 전기

전 기	자 기
전기력선수 $N = \int_s E \cdot dS = \dfrac{Q}{4\pi\varepsilon_0 r^2} \times 4\pi r^2 = \dfrac{Q}{\varepsilon_0}$ 개	자기력선수 $N = \int_s H \cdot dS = \dfrac{m}{4\pi\mu_0 r^2} \times 4\pi r^2 = \dfrac{m}{\mu_0}$ 개
쿨롱의 법칙 $F = \dfrac{1}{4\pi\varepsilon_0} \cdot \dfrac{Q_1 Q_2}{\varepsilon_s r^2} = 9 \times 10^9 \times \dfrac{Q_1 Q_2}{\varepsilon_s r^2}[\text{N}]$ 진공(공기) 유전율 $\varepsilon_0 = 8.855 \times 10^{-12}[\text{F/m}]$ 물질의 비유전율 $\varepsilon_s = \dfrac{\varepsilon}{\varepsilon_0}$, 공기(진공) ≒ 1	쿨롱의 법칙 $F = \dfrac{1}{4\pi\mu_0} \cdot \dfrac{m_1 m_2}{\mu_s r^2} = 6.33 \times 10^4 \times \dfrac{m_1 m_2}{\mu_s r^2}[\text{N}]$ 진공(공기) 투자율 $\mu_0 = 4\pi \times 10^{-7}[\text{H/m}]$ 물질의 비투자율 $\mu_s = \dfrac{\mu}{\mu_0}$, 공기(진공) ≒ 1
전기장 $E = \dfrac{Q \times 1}{4\pi\varepsilon_0 r^2} = 9 \times 10^9 \times \dfrac{Q}{r^2}[\text{V/m}]$ 전계 중 작용하는 힘 $F = QE[\text{N}]$	자기장 $H = \dfrac{m \times 1}{4\pi\mu_0 r^2} = 6.33 \times 10^4 \times \dfrac{m}{r^2}[\text{AT/m}]$ 자계 중 작용하는 힘 $F = mH[\text{N}]$
전 위 $V = \dfrac{Q}{4\pi\varepsilon_0 r} = -\int_\infty^r E dr = 9 \times 10^9 \times \dfrac{Q}{r}[\text{V}]$	자 위 $U = \dfrac{m}{4\pi\mu_0 r} = -\int_\infty^r H dr = 6.33 \times 10^4 \times \dfrac{m}{r}[\text{AT}]$
전위 경도 $E = -\text{grad } V = -\nabla \cdot V$	자위 경도 $H = -\text{grad } U = -\nabla \cdot U$
전속밀도 $D = \dfrac{Q}{S} = \dfrac{Q}{4\pi r^2} = \dfrac{\varepsilon Q}{4\pi\varepsilon r^2} = \varepsilon E[\text{C/m}^2]$	자속밀도 $B = \dfrac{\phi}{S} = \dfrac{m}{4\pi r^2} = \dfrac{\mu m}{4\pi\mu r^2} = \mu H[\text{Wb/m}^2]$
분극의 세기 : 방향 (−) → (+) $P = D - \varepsilon_0 E = \varepsilon_0(\varepsilon_s - 1)E = \left(1 - \dfrac{1}{\varepsilon_s}\right)D$ 분극률 $\chi = \varepsilon_0(\varepsilon_s - 1)$	자화의 세기 : 방향 (S) → (N) $J = B - \mu_0 H = \mu_0(\mu_s - 1)H = \left(1 - \dfrac{1}{\mu_s}\right)B$ 자화율 $\chi = \mu_0(\mu_s - 1)$
전기모멘트 $M = Q\delta[\text{C} \cdot \text{m}]$ 전기쌍극자 전위 $V_p = \dfrac{M}{4\pi\varepsilon_0 r^2}\cos\theta[\text{V}] \propto \dfrac{1}{r^2}$ ($\theta = 0°$ 최대, $\theta = 90°$ 최소) 전기쌍극자 전계 $E = E_r + E_\theta = \dfrac{M\cos\theta}{2\pi\varepsilon_0 r^3}a_r + \dfrac{M\sin\theta}{4\pi\varepsilon_0 r^3}a_\theta$ $E = \dfrac{M}{4\pi\varepsilon_0 r^3}\sqrt{1 + 3\cos^2\theta}\,[\text{V/m}] \propto \dfrac{1}{r^3}$	자기모멘트 $M = m\delta[\text{Wb} \cdot \text{m}]$ 자기쌍극자 자위 $U_p = \dfrac{M}{4\pi\mu_0 r^2}\cos\theta[\text{AT}] \propto \dfrac{1}{r^2}$ ($\theta = 0°$ 최대, $\theta = 90°$ 최소) 자기쌍극자 자계 $H = H_r + H_\theta = \dfrac{M\cos\theta}{2\pi\mu_0 r^3}a_r + \dfrac{M\sin\theta}{4\pi\mu_0 r^3}a_\theta$ $H = \dfrac{M}{4\pi\mu_0 r^3}\sqrt{1 + 3\cos^2\theta}\,[\text{AT/m}] \propto \dfrac{1}{r^3}$

전 기	자 기
전기 이중층 양면의 전위차 $V_{PQ} = \pm \dfrac{M}{4\pi\varepsilon_0}\omega$ [V] 원뿔형 : $\omega = 2\pi(1-\cos\theta) = 2\pi\left(1 - \dfrac{x}{\sqrt{x^2+a^2}}\right)$ 완전구 : $\omega = 4\pi$, $V_{PQ} = \dfrac{M}{\varepsilon_0}$[V]	자기 이중층(판자석) 양면의 자위차 $U_m = \pm \dfrac{M}{4\pi\mu_0}\omega$ [AT] 원뿔형 : $\omega = 2\pi(1-\cos\theta) = 2\pi\left(1 - \dfrac{x}{\sqrt{x^2+a^2}}\right)$ 완전구 : $\omega = 4\pi$, $U_{NS} = \dfrac{M}{\mu_0}$[AT]

(5) 자기력선

자기력선의 수

$$N = \dfrac{m}{\mu_0} = 7.958 \times 10^5 \times m [\text{개}]$$

(6) 자속수 및 자속밀도

① 자속 : $\phi = m$[Wb]

② 자속밀도 : $B = \mu_0\mu_s H$[Wb/m^2]

07 자성체와 자기회로

(1) 자 화

① 자화의 세기의 계산

　㉠ 자속밀도(B) = μH [Wb/m^2]

　㉡ 자화의 세기(J) = $B\left(1 - \dfrac{1}{\mu_s}\right)$

　㉢ 자화율 : $\chi = \mu_0(\mu_s - 1)$, 비자화율 : $\dfrac{\chi}{\mu_0} = \mu_s - 1$, 비투자율 : $\mu_s = \dfrac{\chi}{\mu_0} + 1$

② 감자력(H')

$$H' = \dfrac{N}{\mu_0} J \text{[AT/m]} (N : 감자율)$$

(2) 자계에너지

① 코일에 축적되는 에너지

$$W = \dfrac{1}{2} LI^2 \text{[J]}$$

② 단위체적당 축적에너지

$$\omega = \dfrac{1}{2} BH \text{[J/m}^3\text{]}$$

(3) 자기회로와 전기회로

① 대응관계

	자기회로		전기회로
기자력	$F = NI = R\phi [\text{AT}]$	기전력	$E = IR [\text{V}]$
자속	$\phi = \dfrac{F}{R} [\text{Wb}]$	전류	$I = \dfrac{E}{R} [\text{A}]$
자기저항	$R = \dfrac{l}{\mu S} [\text{AT/Wb}]$	전기저항	$R = \rho \dfrac{l}{S} = \dfrac{l}{kS} [\Omega]$
투자율	$\mu [\text{H/m}]$	도전율	$k [\mho /\text{m}]$
자속밀도	$B = \dfrac{\phi}{S}$	전류밀도	$\dfrac{I}{S}$

② 비 교

	자기회로	전기회로
그래프	$F = R\phi [\text{AT}]$ 포화곡선	$E = IR$ 직선
누설	누설자속이 많음	누설전류가 거의 없음
손실	자기저항에 의한 손실 없음	저항손실이 발생
L, C	L, C에 의한 회로구성 없음	L, C에 의한 회로구성

08 전자유도

(1) 전자유도 법칙

① 패러데이 법칙

$$e \propto \frac{d\phi}{dt}$$

② 렌츠의 법칙

$$e = -\frac{d\phi}{dt} [\text{V}]$$

③ 패러데이-렌츠의 전자유도 법칙(노이만의 법칙)

$$e = -N\frac{d\phi}{dt} [\text{V}]$$

④ 플레밍의 오른손 법칙

$$e = (v \times B)l = Blv\sin\theta$$

(엄지 : v(속도), 검지 : B(자속밀도), 중지 : e(유기기전력))

⑤ 침투깊이

$$\delta = \frac{1}{\sqrt{\pi f \sigma \mu}} [\text{m}]$$

⑥ 와전류손

$$P_e = kf^2 B_m^2$$

09 인덕턴스

(1) 자기인덕턴스

$$L = \frac{\mu HSN}{I} = \frac{\mu SN^2}{l}$$

(2) 상호인덕턴스

① 상호인덕턴스

$$M = \frac{L_1 N_2}{N_1} = \frac{L_2 N_1}{N_2} [\text{H}]$$

② 결합계수(k)

$$k = \frac{M}{\sqrt{L_1 L_2}}$$

③ 상호인덕턴스에 의한 에너지

$$W = \frac{1}{2}(L_1 I_1^2 + L_2 I_2^2 + 2MI_1 I_2)[\text{J}]$$

10 전자계

(1) 변위전류

① 변위전류밀도

$$i_d = 2\pi f \varepsilon_0 E$$

② 변위전류

$$I_d = \omega C V_m \cos \omega t$$

(2) 맥스웰 방정식

① $\nabla \times H = i_c + \varepsilon \dfrac{\partial E}{\partial t}$

② $\nabla \times E = -\mu \dfrac{dH}{dt}$

③ $\nabla \cdot D = \rho$

④ $\nabla \cdot B = 0$

(3) 전자파

① 전자파(평면파)

$$\omega_e = \frac{D^2}{2\varepsilon} [\text{J/m}^3], \quad \omega_m = \frac{B^2}{2\mu} [\text{J/m}^3]$$

② 고유임피던스(파동, 특성임피던스)

$$Z = 120\pi \sqrt{\frac{\mu_s}{\varepsilon_s}} = 377 \sqrt{\frac{\mu_s}{\varepsilon_s}} \, [\Omega]$$

③ 포인팅벡터
　㉠ 포인팅벡터
　　$P = \sqrt{\dfrac{\varepsilon}{\mu}} \, E^2 [\text{W/m}^2]$
　　$E = \sqrt{377P}$
　㉡ 축적되는 에너지
　　$W = \dfrac{1}{v} P [\text{J/m}^3]$

CHAPTER 02 기 타

(1) 물리량과 단위

물리량	기호	단위	
커패시턴스	C	패럿(Farad)	[F]
전하량	Q	쿨롬(Coulomb)	[C]
도전율	G	지멘(Siemen)	[S]
전 류	I	암페어(Ampere)	[A]
에너지	W	줄(Joule)	[J]
주파수	f	헤르츠(Hertz)	[Hz]
임피던스	Z	옴(Ohm)	[Ω]
인덕턴스	L	헨리(Henry)	[H]
전 력	P	와트(Watt)	[W]
리액턴스	X	옴(Ohm)	[Ω]
저 항	R	옴(Ohm)	[Ω]
시 간	t	초(second)	[s]
전 압	V	볼트(Volt)	[V]

(2) SI 단위 접두어 및 기호

c(centi, 센티)	10^{-2}	h(hecto, 헥토)	10^{2}
m(milli, 밀리)	10^{-3}	k(kilo, 킬로)	10^{3}
μ(micro, 마이크로)	10^{-6}	M(Mega, 메가)	10^{6}
n(nano, 나노)	10^{-9}	G(Giga, 기가)	10^{9}
p(pico, 피코)	10^{-12}	T(Tera, 테라)	10^{12}
f(femto, 펨토)	10^{-15}	P(Peta, 페타)	10^{15}

(3) 그리스 문자

그리스 문자		호 칭		그리스 문자		호 칭	
A	α	alpha	알 파	N	ν	nu	뉴
B	β	beta	베 타	Ξ	ξ	xi	크 시
Γ	γ	gamma	감 마	O	o	omicron	오미크론
Δ	δ	delta	델 타	Π	π	pi	파 이
E	ϵ	epsilon	엡실론	P	ρ	rho	로
Z	ζ	zeta	제 타	Σ	σ	sigma	시그마
H	η	eta	에 타	T	τ	tau	타 우
Θ	θ	theta	세 타	Y	υ	upsilon	입실론
I	ι	iota	요 타	Φ	ϕ	phi	피
K	κ	kappa	카 파	X	χ	chi	키
Λ	λ	lambda	람 다	Ψ	ψ	psi	프 시
M	μ	mu	뮤	Ω	ω	omega	오메가

전기기초

개정4판1쇄 발행	2026년 01월 05일 (인쇄 2025년 11월 17일)
초 판 발 행	2020년 03월 05일 (인쇄 2019년 12월 30일)
발 행 인	박영일
책 임 편 집	이해욱
편 저	류승헌·민병진
편 집 진 행	윤진영·김경숙
표지디자인	권은경·길전홍선
편집디자인	정경일·이현진
발 행 처	(주)시대고시기획
출 판 등 록	제10-1521호
주 소	서울시 마포구 큰우물로 75 [도화동 538 성지 B/D] 9F
전 화	1600-3600
팩 스	02-701-8823
홈 페 이 지	www.sdedu.co.kr
I S B N	979-11-434-0428-2(13560)
정 가	15,000원

※ 저자와의 협의에 의해 인지를 생략합니다.
※ 이 책은 저작권법의 보호를 받는 저작물이므로 동영상 제작 및 무단전재와 배포를 금합니다.
※ 잘못된 책은 구입하신 서점에서 바꾸어 드립니다.

기능사 / 기사·산업기사 / 기능장 / 기술사

단기합격을 위한 완전 학습서

Win-Q
윙크시리즈
WIN QUALIFICATION

Win-Q
승강기기능사
필기+실기

Win-Q
전기기능사
필기

Win-Q
피복아크용접기능사
필기

Win-Q
컴퓨터응용선반·밀링기능사
필기

Win-Q
설비보전기능사
필기+실기

Win-Q
자동화설비기능사
필기

Win-Q
전산응용기계제도기능사
필기

Win-Q
화학분석기능사
필기+실기

자격증 취득에 승리할 수 있도록 **Win-Q시리즈**가 완벽하게 준비하였습니다.

Win-Q
위험물기능사
필기

Win-Q
환경기능사
필기+실기

Win-Q
화훼장식기능사
필기

Win-Q
원예기능사
필기+실기

Win-Q
공조냉동기계산업기사
필기

Win-Q
화학분석기사
필기

Win-Q
위험물산업기사
필기

Win-Q
소방설비기사[전기편]
필기

Win-Q
설비보전산업기사
필기+실기

Win-Q
가스산업기사
필기

Win-Q
에너지관리기사
필기

Win-Q
실내건축산업기사
필기

※ 도서의 이미지 및 구성은 변경될 수 있습니다.

시대에듀가 준비한 합격공식 콘텐츠
전기(산업)기사 필기/실기

동영상 강의 →

합격을 위한 동반자,
시대에듀 동영상 강의와 함께하세요!

www.sdedu.co.kr 유료

수강회원을 위한 특별한 혜택

- 최신 기출해설 특강 제공
- 1:1 맞춤 학습 Q&A 제공
- 기초수학&계산기 특강 제공
- 모바일 서비스 제공

※ 강의 커리큘럼 및 혜택은 변동될 수 있습니다.